牛羊病

速诊快治技术

娜仁图雅　编著

U0301371

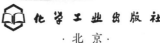
化学工业出版社
·北京·

图书在版编目（CIP）数据

牛羊病速诊快治技术/娜仁图雅编著. —北京：化
学工业出版社，2022.3
ISBN 978-7-122-40623-1

Ⅰ.①牛… Ⅱ.①娜… Ⅲ.①牛病-诊疗②羊病-诊
疗 Ⅳ.①S858.2

中国版本图书馆 CIP 数据核字（2022）第 011725 号

责任编辑：邵桂林　　　　　　装帧设计：张　辉
责任校对：王鹏飞

出版发行：化学工业出版社（北京市东城区青年湖南街 13 号
　　　　　邮政编码 100011）
印　　刷：北京京华铭诚工贸有限公司
装　　订：三河市振勇印装有限公司
850mm×1168mm　1/32　印张 8　字数 156 千字
2022 年 4 月北京第 1 版第 1 次印刷

购书咨询：010-64518888　　　售后服务：010-64518899
网　　址：http://www.cip.com.cn
凡购买本书，如有缺损质量问题，本社销售中心负责调换。

定　　价：45.00 元　　　　　　　版权所有　违者必究

前　言

　　随着我国社会经济的不断发展，牛羊养殖业的规模逐渐扩大，已成为我国畜牧养殖业的重要组成部分，对提升养殖业的经济收入水平意义重大。在牛羊养殖业不断壮大的同时，广大农村牧区防疫工作也存在着许多问题，如基层防疫人员专业技术水平不足、缺乏规范的检疫程序、养殖方式较为落后、农村散养户主动防疫意识欠缺、部分养殖户盲目或过量使用兽药等。这些问题影响着我国畜牧养殖业的健康发展。在此背景下，笔者编写了此书。

　　全书分牛羊常见传染病防治、常见寄生虫病防治、常见内科疾病防治、常见产科疾病防治、幼畜疾病防治、常见乳房疾病防治共六篇、十五章，遵循基础理论必需、够用的原则，突出应用性；全书文字通俗易懂、表述清晰精练，突出学习者专业能力和辩证思维的培养，提高学习者在实践过程中解决实际问题的能力。

　　本书在编写过程中结合自己的临床工作经验和教学体会，根据临床实际力求做到内容上的实用性和针对性；书中参考了一些兽医临床方面的著作，同时也纳入了笔者自己的思考。

　　由于笔者的能力所限，加之时间仓促，书中难免有疏漏和不足之处，恳请读者提出宝贵意见，以便将来再版时加以完善。

编者

2022 年 1 月

目 录

第一篇
牛羊常见传染病防治

第一章
病毒性传染病

第一节　口蹄疫

口蹄疫是偶蹄兽的一种急性、发热性、高度接触性传染病，其临诊症状是口腔黏膜、蹄部和乳房皮肤发生水疱和溃烂。

本病在世界各地均有发生，目前在非洲、亚洲和南美洲流行较严重。

动物感染本病将导致其生产性能下降约25％，由此而带来的贸易限制和卫生处理等费用更难以估算。因此，世界各国都特别重视对本病的研究和防制。

一、病原

口蹄疫病毒属于微核糖核酸病毒科的口蹄疫病毒属。本病毒是已知最小的动物 RNA 病毒。病毒粒子直径为20～25纳米。口蹄疫病毒具有多型性、易变性。口蹄疫病毒目前有 A、O、C、南非Ⅰ、南非Ⅱ、南非Ⅲ以及亚洲Ⅰ型7个血清型。我国目前仅见A、O、亚洲Ⅰ型，以O型最常见。各型间没有交叉免疫性。每一个血清型又分多个亚型，同型的各亚型之间仅有部分交叉免疫性。据最近报道，口蹄疫亚型已增加到70个以上。口蹄疫病毒特别容易变异，常有新的亚型出现。因此，必须使用与当地流行的病毒型相符的疫苗进行免疫。

病毒对外界环境抵抗力很强。在自然情况下，在含毒组织和污染的饲料、皮毛及土壤等中可保持传染性达数天、数周，甚至数月之久。酸和碱对口蹄疫病毒的作用很强，所以1％～2％氢氧化钠、1％～2％甲醛溶液、0.2％～0.5％过氧乙酸、二氯异氰尿酸钠等均是蹄疫病毒的良好消毒剂，短时间内即能杀死病毒。

二、流行病学

（一）易感动物

口蹄疫能侵害33种动物，而以偶蹄兽（牛、水牛、牦牛）最易感染。家畜对口蹄疫最易感的是牛，骆驼、羊、猪次之；犊牛比成年牛易感，病死率亦高。

本病较容易从一种动物传到另一种动物。但在某些流行中强烈地感染牛，而不感染羊或很难感染猪，某些流行强烈地感染猪而不感染或很难感染牛、羊。

一年四季都有可能发病，但是流行有一定的周期性，一般3～5年流行一次，牧区呈大流行，半农半牧区呈流行性，农区为流行或地方流行性。在牧区，往往表现为秋末开始、冬季加剧、春秋减轻、夏季基本平息。在农区这种季节性表现不明显。猪口蹄疫以秋末、冬春为常发季节，尤以春季为流行盛期，夏季较少发生，但在大群饲养的猪舍，本病无明显的季节性。寒冷季节多发，新流行地区发病率可达100%，老疫区发病率为50%以上。

（二）传染源

病畜是主要的传染源。发病初期的病畜是最危险的传染源，症状出现后的头几天，排毒量最多、毒力最强。病牛排出的病毒量以舌面水疱最多，其次为粪、乳、尿和呼出的气体。病猪排毒以破溃的蹄皮为最多。

痊愈家畜的带毒期长短不一，有人报道病牛有50%可能带毒4～6个月，甚至有将康复后1年的牛运到非疫区而引起口蹄疫流行的。牧区的病羊在流行病学上的作用值得重视，由于患病期症状轻微，易被忽略，因此在羊群中成为长期带毒的传染源。由于病猪的排毒量远远超过牛、羊，据报道病猪经呼吸排至空气中的病毒量相当于牛的20倍，因此认为在本病的传播中起相当重要的作用。

（三）传播途径

传播途径为直接接触和通过各种媒介物而间接接触传播，消化道是最常见的感染门户。也能经损伤的黏膜和皮肤感染。呼吸道感染更易发生。

牲畜的流动、畜产品的运输以及被病畜的分泌物、排泄物和畜产品（如皮毛、肉品等）污染的车辆、水源、牧地、饲养用具、饲料，以及来往人员和非易感动物都是重要的传染媒介。有资料证明，空气也是一种重要的传播媒介，病毒能随风散播到50～100千米以外的地方，故有人提出顺风传播的说法。本病常可发生远距离的跳跃式传播。有人认为气源性传播在口蹄疫流行上起着决定性的作用。

三、发病机理

病毒侵入机体后，首先在侵入部位的上皮细胞内生长繁殖，引起浆液性渗出物而形成原发性水疱。1～3天后病毒进入血液引起体温升高和全身症状，病毒随血液到达所嗜好的部位（如口腔黏膜和蹄部、乳房皮肤的表层组织）继续繁殖，形成继发性水疱，随着水疱的发展、融合而破裂，体温即下降至正常，病毒从血液中逐渐减少至消失，此时病畜即进入恢复期，多数病例逐渐好转。有的病例，特别是吃奶的幼畜，当血液感染时，病毒产生的毒素危害心肌，致使心脏变性或坏死而出现灰白色或淡灰色的斑点、条纹，多以急性心肌炎而死亡。

四、症状

由于动物的易感性、病毒毒力和数量不同，潜伏期的长短和病状也不完全一致。

牛潜伏期一般 2～4 天。病牛体温升高达 40～41℃，精神委顿，流涎，在唇内面、齿龈、舌面和颊部黏膜发生蚕豆至核桃大的水疱，采食、反刍完全停止。经一昼夜破裂形成浅表的红色糜烂，水疱破裂后，体温降至正常，糜烂逐渐愈合，全身症状逐渐好转。如有细菌感染发生溃疡，在口腔发生水疱的同时或稍后，趾间及蹄冠表现红肿、疼痛、迅速发生水疱，并很快破溃，然后逐渐愈合。乳头皮肤有时也可出现水疱，很快破裂形成烂斑，泌乳量显著减少。本病一般取良性经过，约经 1 周即可痊愈。如果蹄部出现病变时，则病期可延至 2～3 周或更久。病死率很低，一般不超过 1%～3%。但恶性口蹄疫，病死率高达 20%～50%，主要是由于病毒侵害心肌所致。

哺乳期犊牛患病时，水疱症状不明显，主要表现为出血性肠炎和心肌炎（心肌麻痹），死亡率很高。

五、病变

除口腔、蹄部的水疱和烂斑外，在咽喉、气管、支气管和前胃黏膜有时可发生圆形烂斑和溃疡，上盖有黑棕色痂块。

另外，具有重要诊断意义的是心脏病变，心包膜有弥散性及点状出血，心肌切片有灰白色或淡黄色斑点或条纹，好似老虎身上的斑纹，所以称为"虎斑心"。心脏松软，似煮肉状。

六、诊断

根据急性经过、呈流行性传播、主要侵害偶蹄兽和一般取良性转归以及特征性临诊症状可进行诊断。

诊断口蹄疫时，要定型。可采取病牛舌面水疱或猪蹄部疱皮（3～5 克）或疱液（至少 1 毫升，加适量抗生素），置 50％甘油生理盐水中，送专门实验室确定病毒型。

七、防制

（1）严格执行检疫制度，禁止病畜及带毒畜产品的调运。

（2）当口蹄疫发生时，必须立即上报疫情，确定诊断，划定疫点、疫区和受威胁区，分别进行封锁和监督。

严格封死疫点，捕杀病畜及同群畜，及时清除疫源并对捕杀的病畜及同群畜作无害化处理，对剩余饲料、饮水、场地、病畜走过的道路、畜舍、畜产品与污染物品进行全面严格的消毒。工作人员外出必须全面消毒。

疫点内最后一头病畜消灭之后，经 14 天以上不出现新病例，疫区、受威胁区紧急免疫接种完成，对疫区和受威胁区的易感动物进行疫情监测结果为阴性，经终末消毒后才能解除封锁。

（3）预防接种　使用同型病毒疫苗免疫。我国目前使用的有牛口蹄疫 O 型-亚洲 I 型二价灭活疫苗、牛口蹄疫 O 型-亚洲 I 型-A 型三价灭活疫苗。成牛及犊牛每头皮下注射 2 毫升，羊 1 毫升，免疫期 4～6 个月。

第二节　羊　痘

痘病是由痘病毒引起的各种家畜、家禽和人类的一种急性、热性、接触性传染病。哺乳动物痘病的特征是在皮肤上发生痘疹，禽痘则在皮肤产生增生性和肿瘤样病变。

各种痘病中以绵羊痘、山羊痘、鸡痘和猪痘较为常见。牛痘和马痘较少发生。

一、病原

痘病毒呈砖形或椭圆形，大小为（200～390）纳米×（100～260）纳米，基因组为单一分子的双股

DNA，在易感细胞的细胞浆内复制，形成嗜酸性包涵体。各种禽痘病毒与哺乳动物痘病毒间不能交叉感染或交叉免疫，但各种禽痘病毒之间在抗原性上极为相似，且都具有血细胞凝集性。病毒对寒冷和干燥有高度抵抗力，常用的消毒剂有氢氧化钠、醛类、氧化剂类、氯制剂类、双链季铵盐类、生石灰等。

二、绵羊痘

绵羊痘是各种家畜痘病中危害最为严重的一种急性、热性、接触性传染病。由山羊痘病毒属的绵羊痘病毒引起，其特征是皮肤和黏膜上发生特殊的痘疹，可见到典型的斑疹、丘疹、水疱、脓疱和结痂等病理过程。

1. 流行病学

（1）不同品种、性别、年龄的绵羊都有易感性，以细毛羊最为易感，羔羊比成年羊易感，病死率亦高。妊娠母羊易引起流产，因此在产羔前流行羊痘，可导致很大损失。

（2）本病主要经呼吸道感染，也可通过损伤的皮肤或黏膜感染。饲养管理人员、护理用具、皮毛、饲料、垫草和外寄生虫等都可成为传播的媒介。

（3）本病多发生于冬末春初，气候严寒、饲草缺乏和饲养管理不良等因素都可促使发病和加重病情。

2. 症状和病变

潜伏期一般为6～8天，病羊体温升高达41～42℃，食欲下降，精神不振，结膜潮红，有浆液、黏液或脓性分泌物从鼻孔流出。呼吸和脉搏增数，经1～4天发痘。痘疹多发生于皮肤无毛或少毛部分，如眼周围、唇、鼻、乳房、外生殖器、四肢和尾内侧。开始为红斑，1～2天后形成丘疹，突出皮肤表面，随后丘疹逐渐扩大，变成灰白色或淡红色、半球状的隆起结节。结节在几天内变成水疱。水疱内容物起初像淋巴液，后变成脓性，如果无继发感染则在几天内干燥成棕色痂块，痂块脱落遗留1个红斑，后颜色逐渐变淡。在前胃或第四胃黏膜上，往往有大小不等的圆形或半球形坚实的结节，单个或融合存在，有的病例还形成糜烂或溃疡。咽和支气管黏膜亦常有痘疹。在肺见有干酪样结节和卡他性肺炎区。肠道黏膜少有痘疹变化。此外，常见细菌性败血症变化，如肝脂肪变性、心肌变性、淋巴结急性肿胀等。病羊常死于继发感染。

非典型病例不呈现上述典型症状或经过，仅出现体温升高和黏膜卡他性炎症，不出现或仅出现少量痘疹，或痘疹出现硬结状，在几天内经干燥后脱落，不形成水疱和脓疱，此为良性经过，即所谓的顿挫型。有的病例见痘疱内出血，呈黑色痘。还有的病例痘疱发生化脓和坏疽，形成相当深的溃疡，发出恶臭，常为恶性经过,病死率达 20%～50%。

3. 诊断

(1) 典型病例可根据临床症状、病理变化和流行情况不难诊断。对非典型病例,可结合群的不同个体发病情况作出诊断。

(2) 可采取丘疹组织涂片,按莫洛佐夫镀银染色法染色,再镜检,如在胞浆内见有深褐色的球菌样圆形小颗粒(原生小体),即可确诊。也可用姬姆萨或苏木紫-伊红染色,镜检胞浆内的包涵体,前者包涵体呈红紫色或淡青色,后者包涵体呈紫色或深亮红色,周围绕有清晰的晕。

(3) 采取痘疹进行病毒分离鉴定,可以确诊。

4. 防制

(1) 平时的预防措施 平时加强饲养管理,抓好秋膘,特别是冬春季适当补饲,注意防寒过冬。在绵羊痘常发地区的羊群,每年定期预防接种。

(2) 发病后的控制措施 在已发病的羊群立即隔离病羊,对尚未发病的羊只或邻近已受威胁的羊群均可用羊痘鸡胚化弱毒疫苗进行紧急接种,不论羊只大小,一律在尾部或股内侧皮内注射疫苗 0.5 毫升,注射后 4～6 天产生可靠的免疫力,免疫期可持续 1 年。对病羊隔离、封锁和消毒。病死羊的尸体应深埋,如需剥皮利用,注意消毒防疫措施,防止扩散病毒。本病尚无特效药,常采取对症治疗等综合性措施。发生

痘疹后,局部可用 0.1%高锰酸钾溶液洗涤,擦干后涂抹紫药水或碘甘油等。

三、山羊痘

本病在地中海地区、非洲和亚洲的一些国家均有发生。我国 1949 年后在西北、东北和华北地区有流行,少数地区疫情较严重。目前由于广泛应用我国研制的山羊痘细胞弱毒疫苗,结合有力的防制措施,疫情已得到控制。

病原为与绵羊痘病毒同属于一属的山羊痘病毒,两者在琼脂免疫扩散试验和补体结合交叉试验时有共同抗原。山羊痘的症状和病理变化与绵羊痘相似,主要在皮肤和黏膜上形成痘疹。在诊断时注意与羊的传染性脓疱鉴别,后者发生于绵羊和山羊,主要在口唇和鼻周围皮肤上形成水疱、脓疱,后结成厚而硬的痂,一般无全身反应。患过山羊痘的耐过山羊可以获得坚强免疫力。中国兽医药品监察所将山羊痘病毒通过组织细胞培养制成的细胞弱毒疫苗对山羊安全,免疫效果确实,以 0.5 毫升皮内或 1 毫升皮下接种效果很好,已推广应用。本病的诊断和防制原则上同绵羊痘。

第三节 小反刍兽疫

小反刍兽疫又称羊瘟,是由小反刍兽疫病毒引起的一种急性、接触性传染病。山羊和绵羊易感，山羊发病率和死亡率均较高。以发热、口炎、腹泻、肺炎为特征。我国列为一类动物疫病。

一、病原

小反刍兽疫病毒属于副黏病毒科、麻疹病毒属RNA 病毒，与牛瘟病毒相似，但对牛无感染性。病毒呈多形性，通常为粗糙的球形，有囊膜。对乙醚和氯仿敏感，在 pH6.7～9.5 时最稳定，在 4℃ 12 小时和 pH3.0 条件下 3 小时被灭活，50℃ 30 分钟即可被杀死。

二、流行病学

山羊和绵羊是本病的自然宿主，山羊比绵羊更易感，且临床症状比绵羊更严重。山羊不同品种的易感性有差异。牛多呈亚临床感染，并能产生抗体。猪为亚临床感染，无症状，不排毒。鹿、野山羊、长角大羚羊、东方盘羊、驼可感染发病。

患病动物和隐性感染动物为主要传染源，处于亚临床型的病羊尤为危险。该病主要通过直接或间接接触传播。感染途径以呼吸道为主，本病一年四季均可发生，但以多雨季节和干燥寒冷的季节多发。

三、临床症状

本病的潜伏期一般为 4～6 天，也可达到 10 天，

《国际动物卫生法典》规定潜伏期为 21 天。山羊临床症状比较典型，绵羊症状较轻微。

突然发热，第 2～3 天体温达 40～42℃，发热持续 3 天，病羊死亡多集中在发热后期。

病初有水样鼻液，此后变成大量的黏脓性卡他性鼻液，阻塞鼻孔导致呼吸困难，鼻内膜发生坏死，眼流分泌物，遮住眼睑，出现眼结膜炎。

发热症状出现后，病羊口腔黏膜轻度充血，继而出现糜烂，初期多在下齿龈周围出现小面积坏死，严重病例迅速扩展到齿垫、硬腭、颊和颊乳头以及舌，坏死组织脱落形成不规则的浅糜烂斑。部分病羊口腔病变较轻，并在 48 小时内愈合，很快康复。

多数病羊发生严重腹泻或下痢，导致迅速脱水和体重下降。怀孕母羊可发生流产，易感羊群发病率通常达 60％以上，死亡率可达 50％以上。

个别最急性病例发热后突然死亡，无其他症状，在剖检时可见支气管肺炎和回盲肠瓣充血。

四、病理变化

口腔周围和下颌出现结节。口腔和鼻腔黏膜坏死糜烂，咽喉和食道有条状糜烂；鼻甲、喉、气管等处有出血斑，肺尖叶和心叶末端呈肺炎病灶或支气管炎病灶。肠坏死性或出血性炎症，大肠出现特征性条状充血、出血，呈斑马状条纹，肠系膜淋巴结水肿。脾

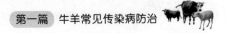

轻度肿大有坏死病变。

五、诊断

根据流行病学、临床症状和病理变化可做出初步诊断，确诊需要做实验室诊断。

鉴别诊断：注意与牛瘟、巴氏杆菌病、山羊传染性胸膜肺炎、蓝舌病、羊传染性脓疱等区别。

六、防制

严禁从存在本病的国家或地区引进相关动物。加强检疫。必要时经国家兽医行政管理部门批准，与有疫情国家相邻的边境县，定期对羊群进行强制免疫，建立免疫带。发生过疫情和受威胁地区，定期对风险羊群进行免疫接种。

一旦发生本病，应按《中华人民共和国动物防疫法》《小反刍兽防治技术规范》规定，采取紧急、强制性控制和扑灭措施，封锁、扑杀患病和同群动物。对疫区及受威胁区的动物进行紧急预防接种。处理方法与口蹄疫防治方法相似。

第二章
细菌性传染病

第一节　炭　疽

炭疽是由炭疽杆菌引起的各种家畜、野生动物和人共患的一种急性、热性、败血性传染病。其病变的特点是败血症变化、脾脏显著增大、皮下和浆膜下有出血性胶样浸润、血液凝固不良。

一、病原

炭疽杆菌，革兰氏阳性大杆菌，且呈竹节状，有荚膜，无鞭毛。病畜体内的菌体不形成芽孢，一旦暴露在空气中，在12～42℃条件下，可形成芽孢。

炭疽杆菌为兼性需氧菌。在普通琼脂平板上生长呈灰白色、表面粗糙的菌落，边缘在低倍镜检查时呈卷发状。

炭疽杆菌菌体对外界理化因素的抵抗力不强，但芽孢的抵抗力很强，在干燥状态下，可存活50年以上。

二、流行病学

各种家畜、野生动物都有不同程度的易感性。其中草食动物最易感，包括羊、牛、驴、马、水牛、骆驼、鹿和象等，小鼠和豚鼠易感。人也易感。

（1）传染源 本病的主要传染源是病畜。当病畜尸体处理不当，形成芽孢污染土壤、水源、牧地，可为长久的疫源地。

（2）传播途径 本病主要经消化道感染，常因采食污染的饲料饲草和饮水而感染。其次是通过皮肤感染，主要由吸血昆虫叮咬而致。此外也可通过呼吸道感染。

本病常呈地方流行性。夏季雨水多，洪水泛滥，吸虫昆虫多易发生传播。有不少地区暴发是因从疫区输入病畜产品，如骨粉、皮革、羊毛等而引起。

（3）发病机理 炭疽芽孢在侵入的组织发育繁殖，同时获得荚膜，保护菌体不受白细胞的吞噬和溶菌酶作用。该菌可产生一种能引起局部水肿的"毒素"，菌体在水肿液中繁殖，并经淋巴管进入局部淋巴结繁殖，由此进入血流发生败血症。本菌致病与致死是由于菌体释放的毒素复合物作用所致。

三、症状

本病潜伏期一般为 1～5 天。

1. 牛

（1）最急性型 突然昏迷、倒卧、呼吸困难、可视黏膜发绀、天然孔出血。病程数分钟至数小时。

（2）急性型 最常见，体温上升到42℃，少食，在放牧和使役中突然死亡。有的精神不振、反刍停止、呼吸困难、黏膜呈蓝紫色或有点状出血。濒死期体温下降，气喘，天然孔流血，痉挛，一般1～2天死亡。

（3）亚急性型 病情较缓。较少见。

2. 绵羊与山羊

最急性型炭疽，常表现为脑卒中的症状，突然眩晕、摇摆、磨牙、全身痉挛，有时出血，很快倒地死亡。

四、病变

急性炭疽为败血症病变。尸体腹胀明显，尸僵不全，天然孔有黑色血液，黏膜发绀，血液不凝呈煤焦油样。全身多发性出血，皮下、肌间、浆膜下胶样水肿。脾肿大2～5倍，脾髓软化如糊状。切面呈砖红色，出血。肠道出血性炎症，有的在局部形成痈。

五、诊断

可疑炭疽病死家畜，禁止剖检，可切下一块耳朵，或者用消毒棉棒浸透血液，涂片送检。

（1）镜检 濒死期或刚死的病畜耳尖或耳根部等末梢血管处采血（烧烙封口），制成血液涂片，用瑞氏染液染色，若见有多量有荚膜、菌端平直的粗大杆菌，并结合临诊表现，可诊断为炭疽。

（2）血清学诊断 常用环状沉淀反应，用于陈旧病料的检查。可取可疑病料的浸出物作沉淀原，重叠在含有特异性炭疽血清上，如二液接触面产生白色环状沉淀则为阳性。

六、防制

按农业农村部《炭疽防治技术规范》进行防控。

（1）预防措施 在经常或近2～3年内曾发生炭疽地区的易感动物，每年应作预防接种。常用疫苗有无毒炭疽芽孢苗（对山羊不宜使用）及炭疽Ⅱ号芽孢苗。这两种疫苗接种后14天产生免疫力，免疫期1年。另外，应严格执行兽医卫生防疫制度。

（2）扑灭措施 发生该病时，应立即上报疫情，划定疫区，封锁发病场所，实施一系列防疫措施。病畜隔离治疗，可疑者用药物防治，假定健康群应紧急免疫接种。

出现炭疽病畜严格按照《炭疽防治技术规范》和《病害动物和病害动物产品生物安全处理规程》（GB 16548—2006）处理。

第二节 布鲁氏菌病

本病是由布鲁氏菌引起的人、畜共患传染病。在家畜中，牛、羊、猪最常发生，且可由牛、羊、猪传染于人和其他家畜。其特征是生殖器官和胎膜发炎，引起流产、不育和公畜睾丸炎、附睾炎和关节炎、滑膜炎等。

本病列为二类动物疫病，给畜牧业和人类的健康带来严重危害。

一、病原

布鲁氏菌属有 6 个种（羊布鲁氏菌、牛布鲁氏菌、猪布鲁氏菌、沙林鼠布鲁氏菌、绵羊布鲁氏菌和犬布鲁氏菌），20 个生物型（羊布鲁氏菌有 3 个型，牛布鲁氏菌有 9 个型，猪布鲁氏菌有 5 个型，沙林鼠布鲁氏菌、绵羊布鲁氏菌和犬布鲁氏菌各 1 个血清型）。

形态上都是细小的短杆菌或球杆菌，不形成芽胞，无边毛，无运动型，多无荚膜，革兰氏染色阴性。布鲁氏菌的抵抗力和其他不能产生芽孢的细菌相似。

布鲁氏菌抵抗力不强，巴氏灭菌法可杀灭，0.1%升汞、1%来苏尔、2%福尔马林、5%石灰乳，均可在 15 分钟内杀死，在阳光直射下可存活 4 小时。在干燥的土壤中可存活 37 天，在冷暗处、粪水中、胎衣中、胎儿体内可存活 4～6 个月。

二、流行病学

本病的易感动物范围很广，主要是羊、牛。流产布鲁氏菌的主要宿主是牛，而羊、猪、马、狗等也可以感染。马耳他布鲁氏菌的主要宿主是山羊和绵羊，可以由羊传入牛群。绵羊布鲁氏菌主要引起公绵羊附睾炎。

（1）传染源　病畜及带菌动物（包括野生动物）。最危险的是受感染的妊娠母畜，它们在流产或分娩时将大量布鲁氏菌随着胎儿、胎水和胎衣排出。

（2）传播途径　消化道传播，即通过污染的饲料与饮水而感染。

（3）皮肤感染　可通过无创伤的皮肤感染，如果皮肤有创伤，则更易被病原菌侵入。

（4）吸血昆虫　可以传播本病。

三、症状

（1）牛　潜伏期 2 周至 6 个月。母牛最显著的症状是流产。流产可以发生在妊娠的任何时期，最常发生在第 6～8 个月，已经流产过的母牛如果再流产，一般比第一次流产时间要迟。流产时除在数日前表现分娩预兆特征（如阴唇、乳房肿大等）外，还有生殖道的发炎症状，即阴道黏膜发生粟粒大红色结节，由阴道流出灰白色或灰色黏性分泌液。早期流产的胎儿，通常在产前已经死亡。发育比较完全的胎儿，产出时可能存活但衰弱，不久死亡。胎衣滞留。

（2）绵羊及山羊　常不表现症状，并且首先被注意到的症状也是流产。流产发生在妊娠后第3或第4个月。公畜睾丸炎。绵羊布鲁氏菌可引起绵羊附睾炎。

四、病变

胎衣呈黄色胶冻样浸润，有些部位覆有纤维蛋白絮片和脓液，有的增厚而杂有出血点。绒毛叶部分或全部贫血呈苍黄色，胎儿胃特别是第四胃中有淡黄色或白色黏液絮状物，淋巴结、脾脏和肝脏有程度不等的肿胀，有的散有炎性坏死灶。

五、诊断

流行病学资料、流产、胎儿胎衣的病理损害、胎衣滞留以及不育等都有助于布鲁氏菌病的诊断，但确诊只有通过实验诊断才能得出结果。

布鲁氏菌病实验诊断方法：

（1）细菌学检查　可取病料作柯氏染色法，布鲁氏菌被染成红色，其它菌为蓝色。

（2）血清学试验　有血清凝集试验、补体结合试验、乳环状试验、变态反应、间接血凝试验、酶联免疫吸附试验、荧光抗体法等。

布鲁氏菌病的明显症状是流产，须与发生相同症状的疾病鉴别，如弯杆菌病、胎毛滴虫病、钩端螺旋体病、乙型脑炎、衣原体病以及弓形体病等都可能发生流产，鉴别的主要关键是病原体的检出及特异抗体的存在。

六、防制

应当着重体现"预防为主"的原则。在未感染畜群中，防止本病的传入。引进种畜或补充畜群时，要严格执行检疫。还应定期检疫（至少1年1次），发现阳性动物，即应淘汰。

消灭本病的措施是检疫、隔离、控制传染源、切断传播途径、培养健康畜群及主动免疫接种。

（1）加强检疫　通过免疫生物学检查方法在畜群中反复进行检查淘汰（屠宰）可以清净畜群。

（2）培养健康畜群　由犊牛培育健康牛群，可以与培养无结核病牛群结合进行。

（3）疫苗接种　是控制本病的有效措施。在没有严格隔离条件的畜群，可以接种疫苗以预防本病的传入；也可以用疫苗接种作为控制本病的方法之一。

猪布鲁氏菌2号弱毒活苗（简称猪型2号苗）是

我国选育的一种优良布鲁氏菌苗，对山羊、绵羊、猪和牛都有较好的免疫效力，可供预防羊、猪、牛布鲁氏菌病之用。注射法适用于绵羊、山羊；饮水法用于绵羊、山羊和牛。猪2号苗的毒力稳定、使用安全、免疫力好，在生产上使用已经收到良好效果。

羊型5号苗，用于绵羊、山羊、牛和鹿的免疫。分气雾免疫法和注射法，用于绵羊、山羊和牛。配种前1~2个月注射，孕畜不应接种。

流产布鲁氏菌19号弱毒活疫苗，对牛两次注射（5~8月龄、18~20月龄各注射1次）。

（4）做好消毒工作，切断传播途径 布鲁氏菌是兼性细胞内寄生菌，致使化学药剂不易生效。

第三节 巴氏杆菌病

巴氏杆菌病是主要由多杀性巴氏杆菌引起的各种动物（畜、禽、野生动物）的疾病总称。急性者以出血性败血症为主；病程长者多有纤维素性胸膜肺炎。人的病例罕见，且多呈伤口感染。

一、病原

巴氏杆菌是革兰氏染色阴性短杆菌，病料中的细菌有两极着色特点，卵圆形。引起本病的主要是多杀性巴氏杆菌，少数情况下溶血性巴氏杆菌、禽巴氏杆菌也能成为本病的病原。健康动物携带巴氏杆菌现象比较普遍（主要在上呼吸道），因此本菌具有一定的条件致病特点。巴氏杆菌抵抗力不强，在干燥和阳光直射下很快死亡。60℃、10分钟可杀死。常规消毒方法可很快杀死本菌。

二、流行病学

多种动物和人均可感染发病。家畜中以牛、猪发病较多，青壮年牛多见，鸡、鸭、羊、马、鹿、兔、驼也可发病。病畜禽和带菌者是传染源，特别是后者更为重要。主要传播途径是呼吸道、消化道、黏膜和损伤的皮肤等。各种不良的应激因素与本病的发生发展密切相关。多呈散发，但牛、猪有时呈地方性流行，鸭多呈流行性。一般情况下，不同畜、禽间不易互相感染。但在个别情况下，也可发生猪巴氏杆菌可传染给水牛。

三、临床症状

1. 牛

又称牛出血性败血症，潜伏期2～5天，分败血型、浮肿型和肺炎型。

（1）败血型　体温升高（41～42℃），全身症状明显，如精神委顿、食欲废绝、反刍停止、黏膜发绀，呼吸、脉搏加快，腹痛、下痢、粪便带有黏液或血液。有时鼻内有血，尿血。迅速衰竭死亡，濒死期体温下降，于1天内死亡，病死率极高。

（2）浮肿型 除有明显的全身症状外，咽喉、颈部及前胸部皮下水肿（炎性水肿），肿胀初期有热痛，硬固，后逐渐变冷，疼痛减轻。伴发舌及周围组织高度肿胀，致呼吸、吞咽困难，舌伸出口外、呈暗红色。大量流涎，故称"清水症"。呼吸高度困难，最后窒息而死。病程1～3天，病死率极高。

（3）肺炎型 主要呈纤维素性胸膜肺炎症状，表现呼吸困难，痛性干咳，常有泡沫样鼻液，听诊有支气管呼吸音和啰音，或胸膜摩擦音。有时下痢或血痢。病程3天～1周，病死率80%以上。

2. 绵羊

（1）最急性型 多见于哺乳羔羊。突然发病，病羊无特殊症状，出现寒战、虚弱、呼吸困难，几分钟到几个小时内死亡。

（2）急性型 体温升高至41℃以上，精神沉郁，食欲废绝，呼吸困难，咳嗽，鼻黏膜和眼结膜发炎，有黏性或脓性分泌物，先便秘后下痢，粪便有黏液或带血。颈部、胸下部发生水肿。于2～5天死亡。

（3）亚急性型 病期为1～3周，病羊衰弱，咳嗽，体温升高，消化紊乱，眼、鼻初期流黏性液体，以后变为脓性。此外，还有急性肺炎、胸膜肺炎或肠炎症状。

（4）慢性型 常由急性转来，表现为慢性胸膜肺炎和慢性胃肠炎。

四、病理变化

1. 牛

（1）败血型 全身浆黏膜出血；肝肾等实质脏器出血、急性变性；淋巴结肿胀，胸腹腔积液。脾不肿大或有出血点。

（2）浮肿型 咽喉及颈部皮下浆液性浸润，并有出血；咽淋巴结和前颈淋巴结急性肿胀并有出血；其他部位有不同程度的败血症变化。

（3）肺炎型 呈典型的纤维素性胸膜肺炎病变，肺切面呈大理石样变。

2. 绵羊

内脏器官黏膜、浆膜急性出血，淋巴结急性肿胀，脾稍肿大，以急性肺炎和胃肠出血性炎为常见病变。

五、诊断

（1）根据流行病学、症状及病变特点，结合治疗效果，可以做出疑似诊断或初步诊断。

（2）确诊有赖于细菌学检查。对于败血症者，用肝等实质器官直接触片，可见到典型的巴氏杆菌，依此即可确诊。对于局部感染者，可采取病变部组织进行细菌分离鉴定。

六、防制

1. 平时的预防措施

（1）加强饲养管理和兽医卫生，减少各种应激因素。

（2）根据情况进行疫苗免疫接种。每年春秋定期接种疫苗。

2. 发病后的扑灭措施

（1）病畜（禽）隔离治疗，治疗方法有抗菌类药物治疗（磺胺类或抗生素，如头孢噻呋钠、红霉素、犊牛用金霉素）、高免血清治疗（早期治疗）和对症治疗。同群畜禽进行药物预防。

（2）对疫区内其他畜禽，可进行紧急疫苗接种或药物预防。

（3）对病畜禽污染和可能污染的环境、用具等进行随时消毒。对污染的厩舍和用具用5%漂白粉或10%石灰乳消毒。

第四节　大肠杆菌病

大肠杆菌病是由不同血清型的致病性大肠杆菌引起的各种动物的疾病的总称。主要侵害幼龄畜禽，多表现消化道症状和败血症。

一、病原

致病性大肠杆菌，革兰氏阴性，两级钝圆，无芽孢，多数有周身鞭毛，少数有荚膜，致病性大肠杆菌与非致病性大肠杆菌抗原结构不同。多数致病性大肠杆菌为条件致病菌，即只有当动物机体抵抗力降低时才能引起发病，否则不引起发病。大肠杆菌抵抗力不强，常规消毒药品和消毒方法均可杀死。

二、流行病学

1. 易感动物

各种动物和人均可感染发病。家畜中以猪、鸡、羊最常发病。各种年龄的畜禽均可感染，但主要是幼龄畜禽发病。猪自出生至断乳期均可发病，仔猪黄痢常发于生后1周以内，以1～3日龄者居多，仔猪白痢多发于生后10～30天，以10～20日龄者居多，猪水肿病主要见于断乳仔猪；牛生后10天以内多发；羊生后6天至6周多发，有些地方3～8月龄的羊也有发生；马生后2～3天多发；鸡常发生于3～6周龄；主要侵害20日龄及断奶前后的仔兔和幼兔。人各年龄组均有发病，但以婴幼儿多发。

2. 传染源

病畜禽和带菌者为传染源，病原菌主要经粪便排出并污染饲料、水及环境。

3. 传播途径

主要经消化道传染，也可经呼吸道、子宫、种蛋等途径感染。

仔猪发生黄痢时，常呈窝发，一窝仔猪中 90％以上发病，病死率很高；发生白痢时，发病率可达 30％～80％；发生水肿病时，多呈地方流行性，发病率 10％～35％，发病者常为生长快的健壮仔猪。牛、羊发病时呈地方流行性或散发性。雏鸡发病率可达 30％～60％，病死率几乎达 100％。

本病的发生和发展与各种能导致机体抵抗力降低的应激因素密切相关，如初乳不足、饥饱不均、更换饲料、气候剧变、长途运输、畜（禽）群密度过大、通风不良等。

三、症状及病理变化

1. 犊牛

（1）败血型　败血症表现。

（2）肠毒血型　中毒性神经症状。较少见。

（3）肠型　以下痢为主要症状，病程长者可出现肺炎和关节炎。

2. 羊

（1）败血型　败血症表现。主要发生于 2～6 周龄羔羊。

（2）肠型　病原菌主要侵害消化道，表现消化道症状和病变。有时可见化脓性纤维素性关节炎。主要发生于 7 日龄以内的羔羊。

四、诊断

根据流行病学、临床症状和病理变化特点可怀疑或做出初步诊断。

确诊需采取病料，分离出大肠杆菌并进行血清型鉴定。菌检的取材部位，败血型为血液、内脏组织，肠毒血症为小肠前部黏膜，肠型为发炎的肠黏膜。对分离出的大肠杆菌应进行生化反应血清学鉴定，然后再根据需要做进一步的检验。

五、防制

1. 平时的预防措施

（1）加强饲养管理，防止各种应激因素。

（2）免疫预防 分离本地（场）流行的大肠杆菌血清型制备菌苗，给孕母畜或种禽接种，可使仔畜或雏鸡获得被动免疫。对于较大的畜禽，也可直接接种菌苗。

（3）做好各项兽医卫生工作。

2. 发病后的消灭措施

（1）病畜禽及时进行隔离治疗。可采用抗菌类药物治疗和对症治疗，近几年采用活菌制剂进行微生态调整疗法，收到较好疗效。

（2）对污染环境、用具等进行及时消毒。

（3）同群的可疑病畜进行药物预防。

第五节 沙门氏菌病

沙门氏菌病，又称副伤寒，是由沙门氏菌属的细菌引起的各种动物的疾病总称。大多数临床上表现败血症和肠炎，也可使孕畜发生流产。本病通过动物使人感染和发生食物中毒。

一、病原

沙门氏菌属于肠杆菌科，是一大群抗原结构和生化性状相似的革兰氏阴性短杆菌。无芽孢，多无荚膜，大多数有周身鞭毛。本菌的抗原结构分为菌体（O）抗原、鞭毛（H）抗原、表面（Vi）抗原，已有2500种血清型，常见危害人畜的血清型有30余种。本属细菌对外界因素的抵抗力不强，一般消毒药及消毒方法均能很快将其杀死。

二、流行病学

1. 易感动物

各种动物和人均可感染沙门氏菌并发病。各种年龄的畜禽均可感染，但幼龄畜禽易感性强。牛以出生后30～40天的犊牛最易发病；羊是断乳前后最易感。

本病还可引起孕母畜流产，主要见于怀孕中后期的头胎母马和怀孕后期的母羊。在人，本病可发现于任何年龄，但以 1 岁以下婴儿及老人最多。

2. 传染源

病畜禽和带菌者是传染源。本病健康带菌现象比较普遍，它们往往是发病的潜在传染源。病菌可潜藏于消化道、淋巴组织和胆囊内。当外界不良因素使动物抵抗力降低时，病菌可活化而发生内源感染，病菌连续通过若干易感家畜，毒力增强而扩大传染。

3. 传播途径

消化道是最主要的传播途径，还可经交配、子宫内、种蛋及呼吸道等途径传染。

本病一年四季均可发生，成年牛多发于夏季放牧时；羔羊多在夏季和早秋发病；孕母羊则主要在冬末春初发生流产。

犊牛发病常呈流行性，而成牛则为散发；羊一般呈散发或地方流行。各种能够降低畜禽抵抗力的不良因素明显影响着本病的发生与发展，如环境污秽、潮湿、棚舍拥挤、饲料和饮水不良、长途运输、气候恶劣、感染寄生虫或病毒等。

三、临床症状

1. 牛沙门氏菌病

主要由鼠伤寒沙门氏菌、都柏林沙门氏菌、纽波特沙门氏菌等引起。犊牛发病较多，急性者为败血症状，慢性者为肠炎症状。成牛发病较少，病性基本同犊牛，怀孕母牛可引起流产。

2. 羊沙门氏菌病

主要由鼠伤寒沙门氏菌、羊流产沙门氏菌、都柏林沙门氏菌等引起。分下痢型和流产型两个病型。

（1）下痢型 主要见于羔羊，表现以下痢为特征的消化道症状，病程1～5天。发病率30%，病死率25%。

（2）流产型 孕母羊在怀孕的最后1/3期间发生流产，可能产出死羔（死产），也可能产出弱病羔，这样的羔羊往往于产出后1～7天死亡。病母羊可在流产前或后死亡。母羊群中流产率和病死率可达60%。

四、病理变化

1. 牛沙门氏菌病

成年牛的主要病变是出血性肠炎。犊牛的急性病例呈败血症病变，病程较长的病例肝、脾、肾有时出现坏死灶。

2. 羊沙门氏菌病

下痢型病羊的主要病变是卡他性肠炎。死产和流产后1周内死亡的羔羊呈败血症病理变化，母羊有子宫炎病变。

五、诊断

（1）初步诊断 根据流行病学、症状和病变的特点，可做出怀疑或初步诊断。

（2）确诊 采取病变组织（血液、内脏器官、粪便，或流产胎儿胃内容物、肝、脾）分离并鉴定出沙门氏菌是确诊本病的特异性方法。

六、防制

1. 平时预防措施

（1）加强饲养管理和兽医卫生、消除发病诱因，这是非常重要的一项措施。

（2）在多发时期可进行药物预防，但要特别注意耐药性菌株的形成。

（3）牛的沙门氏菌病，有较好的疫苗可进行免疫预防。

2. 发病后的扑灭措施

（1）选用合适的抗菌类药物对病畜禽进行治疗，同时配合对症治疗，同群畜禽进行药物预防。最好分离病菌进行药敏试验。

（2）紧急消毒污染环境、用具等。

七、公共卫生

人吃了病畜和带菌畜的未经充分加热消毒的乳肉

产品可发生食物中毒。潜伏期 7～24 小时，发病突然、体温升高，头痛、寒战、恶心、呕吐、腹痛、腹泻。

为预防食物中毒，应注意卫生消毒工作，病畜禽尸体严格进行无害化处理。对可疑畜产品，必须充分煮熟后才可食用。

一旦发病，应及时采取抗菌类药物治疗和对症治疗。

第六节 羊梭菌性疾病

羊梭菌性疾病是由梭状芽孢杆菌属中的细菌所致的一类疾病的总称，包括羊快疫、羊肠毒血症、羊猝狙、羊黑疫、羔羊痢疾等疾病。它们的共同特点是发病急、死亡快。

一、羊快疫

羊快疫是由腐败梭菌引起的主要发生于绵羊的一种急性传染病，其症状特点是突然发病和急性死亡，主要病变是真胃出血性炎症。

1. 病原

（1）腐败梭菌为革兰氏阳性厌氧大杆菌，能形成芽胞，但不形成荚膜。

（2）本菌在病羊肝被膜触片中呈无关节的长丝状，这一特征具有一定诊断意义。

（3）本菌可产生 4 种外毒素，即 α、β、γ、δ 毒素，是其致病的物质基础。

（4）一般消毒药物均能杀死其繁殖体，但其芽孢体抵抗力很强，必须用强力消毒药进行消毒，如20％漂白粉、3％～5％氢氧化钠。

2. 流行病学

（1）主要易感动物是绵羊，以 6～18 月龄、营养中等以上的羊多发病。山羊和鹿有时也可发病。

（2）一般经消化道感染引起本病。经外伤感染则引起各种家畜的恶性水肿。

（3）腐败梭菌常以芽孢的形式存于外界环境，特别是低洼草地和沼泽中，羊只在采食和饮水过程中，芽孢随之进入消化道，致使许多羊在平时消化道中就有该菌，但一般并不发病。当存在不良的诱因，特别是羊只受寒或采食了带冰霜的草料时，机体受到特有的刺激，抵抗力降低，腐败梭菌大量增殖，产生外毒素，引起发病。

3. 临床症状

突然发病，往往看不到症状即突然死亡。有的病羊离群独处，卧地，不愿走动，强迫行走表现虚弱和运动失调。有的病羊腹胀，有疝痛样症状。病羊最后衰弱、昏迷而死，病程数分钟至数小时，罕见痊愈。

4. 病理变化

真胃出血性炎症。胸、腹腔、心包腔积液，暴露空气后很快凝固。心内外膜出血。

5. 诊断

（1）根据流行病学、症状和病变特点可怀疑本病。

（2）肝被膜触片镜检，看到无关节的长丝状菌，有助于本病的确诊。

（3）采取新鲜病料（肝、心血、脾）等进行细菌分离鉴定，可进行确诊。

6. 防制

（1）平时的预防措施

① 加强饲养管理，特别注意羊只受寒感冒和采食带冰霜的饲料。

② 在本病常发区，对羊只进行免疫接种，疫苗主要有"羊快疫-猝狙-肠毒血症三联苗"和"羊快疫-猝狙-肠毒血症-羔羊痢-黑疫五联苗"，免疫期6～9个月，每年接种两次。

（2）发病后控制措施

① 隔离病羊，对病程较长者可进行对症治疗和抗菌类药物治疗。病死羊一律进行深埋或无害化处理。

② 将发病羊群转移到高燥地区放牧，加强饲养管理，可大大降低发病。

③ 紧急接种疫苗。

二、羊肠毒血症

羊肠毒血症是由 D 型魏氏梭菌引起的主要发生于绵羊的一种急性毒血症，其特点是发病急、死亡快，死后肾组织迅速软化。本病又称"软肾病"和"类快疫"。

1. 病原

（1）本病病原为 D 型魏氏梭菌。魏氏梭菌又称产气荚膜杆菌，为粗大厌氧杆菌，革兰氏染色阳性，可形成芽孢，在动物体内能形成荚膜。

（2）魏氏梭菌可产生外毒素，已知这类细菌共能产生 12 种外毒素，根据产生毒素的不同，将魏氏梭菌分为 A、B、C、D、E 5 型。

（3）本菌的繁殖体和芽孢体的抵抗力和腐败梭菌相似。

2. 流行病学

（1）主要发生于绵羊，以 2～12 月龄膘情较好的羊多发，山羊有时也可发病。

（2）主要经消化道传染。

（3）本病菌广泛存在于外界环境，甚至羊的消化系统内，但正常情况下一般不引起发病，只有在饲料突然改变，特别是吃了大量青嫩多汁或富含蛋白质饲料后，消化道内环境发生改变，正好适合本菌大量增殖，产生毒素，引起发病。因此本病多发于春末、夏初抢青时，或秋末牧草结籽和抢茬时。

（4）一般散发。

3. 临床症状

（1）突然发病，很多病例见不到明显症状，很快倒地死亡。可见到症状的病羊分为两种类型：一类以搐搦为特征，倒地、四肢强烈划动、肌肉震颤、眼球转动、磨牙、抽搐，多死于 2～4 小时内；另一类以昏迷和静静地死去为特征，先步态不稳，以后倒卧，感觉过敏、流涎、昏迷、角膜反射消失，常在 3～4 小时内静静死去。

（2）病羊在临死前有明显的高血糖和尿糖。

4. 病理变化

回肠充血、出血。心包积液，内含纤维素絮块。肾脏软化似脑髓样，此变化为死后变化。肺水肿、出血。

5. 诊断

（1）依据流行病学、症状和病变情况可怀疑本病。

（2）采用小白鼠或豚鼠或家兔，对小肠内容物进行毒素中和试验，检查出毒素有助于确诊。但应注意，正常羊只有时也能查出少量毒素。

（3）采取新鲜肾脏或其他实质脏器病料，分离鉴定出 D 型魏氏梭菌，是确诊的依据之一。从肠内容物检查到大量的 D 型魏氏梭菌也有助于确诊。

6. 防制

（1）平时的预防措施原则上同羊快疫，应特别注意防止羊只采食大量青嫩多汁和富含蛋白质的饲草。

（2）发病区控制措施原则同羊快疫。

三、羊猝狙

羊猝狙是由 C 型魏氏梭菌引起的羊的一种毒血症，以急性死亡、腹膜炎和溃疡性肠炎为特征。

1. 病原

病原为 C 型魏氏梭菌，其特性同 D 型魏氏梭菌。

2. 流行病学

（1）易感动物　主要发生于 1～2 岁的绵羊，山羊有时也发病。

（2）传播途径　经消化道传染。

（3）流行特点　常发于低洼、沼泽地区，多发于冬春季节，常呈地方流行。

3. 临床症状

发病急，突然死亡，有时可见病羊掉群、卧地、不安、衰弱和痉挛，数小时内死亡。

4. 病理变化

十二指肠和空肠黏膜充血，形成糜烂和溃疡。腹膜炎，胸腔、腹腔和心包积液，内含纤维素絮块，浆膜面出血。

5. 诊断

（1）初步诊断　根据流行病学、症状和病变可做出怀疑性诊断。

（2）实验室诊断原则上同羊肠毒血病。

6. 防制

原则上同羊肠毒血症。

四、羊黑疫

羊黑疫是由 B 型诺维氏梭菌引起的绵羊和山羊的一种毒血症，又名传染性坏死性肝炎，其特征是急性死亡和肝实质出现坏死灶。

1. 病原

（1）本病病原为 B 型诺维氏梭菌。诺维氏梭菌为革兰氏阳性粗大的厌氧杆菌，无荚膜，周身鞭毛，能形成芽孢。

（2）诺维氏梭菌可产生强烈的外毒素，不同的菌产生的外毒素种类不同，以此将诺维氏梭菌分为 A、B、C、D 四个型。

（3）繁殖体抵抗力一般，芽孢体抵抗力非常强。

2. 流行病学

（1）易感动物　绵羊是主要易感动物，以 2～4 岁膘情较好的绵羊发病最多。山羊也可感染，牛偶有感染。

（2）传播途径　经消化道传染。

（3）本病的发生与肝片吸虫密切相关。原因是正常羊的消化道和肝脏经常存在有 B 型诺维氏梭菌，但由于正常肝脏的氧化还原电位高，不利于该细菌的生长繁殖，当肝片吸虫侵害肝脏时，使肝脏的氧化还原电位降低，结果使潜伏的 B 型诺维氏梭菌有条件生长繁殖，产生毒素导致发病。因此，本病主要发生于肝片吸虫流行地区，并多发于春夏季节。

3. 临床症状

发病急促，多不见症状突然死亡。病程长的可见掉群、不食、衰弱、呼吸困难。多在俯卧昏睡中死亡，病程几小时至2天。

4. 病理变化

皮下显著瘀血，使皮肤呈暗黑色外观。肝脏表面和深层有数量不定的灰黄色坏死灶，界限清楚，不整圆形，直径约2～3厘米，周围常围绕一圈红色充血带。这种病变与肝片吸虫造成的病变不同，后者呈黄绿色的弯曲似虫样的带状病痕。浆膜腔积液，暴露空气后易凝固。心内膜、真胃及小肠黏膜常有出血。

5. 诊断

（1）根据流行病学、症状及病理变化可怀疑或初步诊断。

（2）细菌学检查，采取肝脏病灶边缘组织或脾脏，可进行直接镜检、分离培养和动物实验（豚鼠）。

（3）毒素检查，采取腹水或肝坏死组织，用卵磷脂酶试验检查诺维氏梭菌毒素。

6. 防制

（1）平时的预防措施

① 加强饲养管理，消除发病诱因，应特别注意控制肝片吸虫感染。

② 常发本病的地区，对羊只进行免疫接种（五联苗）。

（2）发病后的控制措施，原则上同羊快疫。

五、羔羊痢疾

羔羊痢疾是由 B 型魏氏梭菌引起的羔羊的一种急性毒血症，以剧烈腹泻和小肠溃疡为特征。

1. 病原

本病病原为 B 型魏氏梭菌。

2. 流行病学

（1）易感动物　主要为害 7 日龄以内的羔羊，以 2～3 日龄时发病最多。纯种羊比土种羊发病率高。

（2）传播途径　经消化道传染。

（3）导致羔羊抵抗力下降的不良诱因是发病的重要因素。

3. 临床症状

潜伏期 1～2 天。精神沉郁，不想吃奶，腹泻，有的便中带血，若不治疗，常在 1～2 天内死亡。有的病羔不下痢，而出现腹胀和神经症状，四肢瘫软，卧地不起，常在数小时至十几小时内死亡。

4. 病理变化

尸体严重脱水。真胃内有未消化的凝乳块，小肠黏膜有溃疡灶。肠系膜淋巴结肿胀充血，有时出血。

心包积液，心内膜时有出血点。

5. 诊断

（1）依据流行病学、症状及病变情况可怀疑或初步诊断。

（2）细菌分离培养　病料采取实质脏器。

（3）毒素检查　对肠内容物进行魏氏梭菌毒素检查及毒型鉴定。

6. 防制

（1）平时预防措施

① 加强孕母羊及新生羔羊的饲养管理，减少应激，增强羔羊的抵抗力。

② 搞好卫生消毒工作，减少或避免羔羊感染机会。应特别注意产舍和羔羊棚舍的卫生。

③ 对常发本病地区，每年秋季对母羊接种厌氧菌五联苗或羔羊痢疾菌苗，产前 2～3 周再加强免疫一次，这样可使新生羔羊从初乳中获得被动免疫。

④ 对常发地区，也可进行药物预防，即羔羊在出生后 12 小时内口服土霉素或其他敏感抗菌药物，连用 3 天，有一定的预防作用。

（2）发病后的控制措施

① 隔离发病羔羊，对病程较长的可以治疗，主要是抗菌类药物治疗和对症治疗。

② 对病羔所在栏舍进行随时消毒，病死羔尸体无害化处理（深埋或焚烧）。

第二篇
牛羊常见寄生虫病防治

第一章
原虫病

第一节　泰勒焦虫病

泰勒焦虫病是由泰勒科、泰勒属的各种焦虫引起的疾病。虫体进入牛（羊）体内后先侵入网状内皮系统中，形成石榴体，后进入红细胞内寄生，从而破坏红细胞，引起各种临床症状和病理变化，6～8月份多发，7月达到高峰期。

一、牛泰勒焦虫病

1. 病原

牛泰勒虫有两种，分别是环形泰勒虫和瑟氏泰勒虫，两者形态相似，分布区域不同，以环形泰勒虫为主。形态多样：环形、椭圆形、逗点形、杆状形、圆点状，其中以环形为多。在显微镜下用姬氏染色后，虫体中央着色淡，呈淡蓝色，细胞质边缘着色深，外观似环形，核偏向一边，核染色质染成红色。

（1）环形　呈戒指状，核位于一侧，直径约为

0.8~1.7微米。

（2）椭圆形　两端钝圆，核位于一端，比环形虫体稍大。

（3）逗点形　一端钝圆，一端稍尖，核居钝端，大小为（1.5~2.1）微米×0.7微米。

（4）杆状形　一端稍粗，另一端细，弯曲或直，核居粗端。形似钉子或大头针状。长约1~2微米。也有的呈两端钝的杆菌状。

（5）圆点形　无明显原生质、染色质，大小为0.7~0.8微米。

（6）十字形　由4个点状虫体组成，原生质不明显。直径约为1.6微米。

（7）其他形状虫体。

2. 发育史

发育史很复杂。

（1）无论虫体发育类型、形态有何变化，都是泰勒虫不同发育时期的称谓，都是一个细胞。

（2）传播者是蜱　当幼蜱或若蜱吸病牛血时，把泰勒虫吸入，在蜱体内完成有性繁殖，所以蜱是终末宿主。

（3）牛是中间宿主　在其体内进行无性繁殖，当蜱将泰勒虫注入牛体后，泰勒虫先在单核吞噬细胞系统（网状内皮系统）内反复分裂增殖，并形成石榴体和大量后代，然后再转到红细胞，不再繁殖，等待蜱吸血。

3. 流行病学

（1）环形泰勒虫多发生于舍饲牛。瑟氏泰勒虫多

发生于放牧牛。

（2）环形泰勒虫的终末宿主是璃眼蜱，主要是残缘璃眼蜱，瑟氏泰勒虫终末宿主是血蜱。

（3）泰勒虫感染牛只是由若蜱发育为成蜱的时候发生的。

（4）同年龄的牛均有易感性。2～3岁多发。痊愈后获得三年免疫力。

4. 症状

潜伏期 14～20 天，高热稽留，体温达 40～42℃，少数有弛张热或间歇热。食欲减少，呼吸、心跳加快，精神沉郁，眼结膜充血、水肿至贫血苍白，黄染。粪便干而黑，其中有黏液或血液，后期腹泻。尿黄色或深黄，但不见血尿，体表淋巴结肿大到正常的 2～5 倍，初为硬肿，有压痛，后渐渐变软，常不易推动，尤其肩前淋巴结或腹股沟淋巴结明显。到后期病牛迅速消瘦，食欲、反刍完全停止。肌肉震颤，卧地不起。如在眼睑、尾根等薄嫩皮肤上有粟米粒至扁豆大小、深红色结节状溢血斑点时预后不良。整个病程从发病到死亡不超过 20 天。

5. 诊断

（1）病原诊断　在病的早、中期，穿刺体表淋巴结，涂片，姬氏染色，显微镜下找到石榴体，可确诊。后期采耳尖静脉血，涂片，姬氏染色，镜检找到环形戒指状血液型虫体。

（2）病理变化　全身出血和淋巴结肿大，脾脏肿大，髓质软化，肝脏肿大、棕黄色或棕红色，有灰白色结节和暗红色病灶，皱胃黏膜有出血点、小结节和大小不一的溃疡。溃疡灶边缘隆起呈红色、中间凹陷呈灰色，病变面积占全黏膜的30%，这是泰勒虫病的特征性病变。

6. 防制

（1）预防

① 疫苗注射。即在疫区可以注射"牛环形泰勒虫裂殖体胶冻细胞苗"，接种后20天可产生免疫力，一直可持续82天以上。

② 灭蜱

a. 12月～翌年1月正是蜱的若虫在牛体上的越冬时期，这时可用药物灭蜱。

b. 4～5月是饱血的若虫在牛圈墙缝内准备蜕化的阶段，可用混有药物的水泥或泥土堵塞这些缝隙和小洞。

c. 6～7月是成虫寄生于牛体的时期，可用药物灭蜱或人工捉蜱。

d. 8～9月为饱血的雌虫在圈舍内产卵及卵孵化的阶段，可再用堵塞的办法，把幼虫和雌虫杀死在洞缝中。

③ 避开传播者——蜱。

a. 定期（5～10月）离圈放牧，避开蜱侵袭吸血时间。

b. 流行发病季节，转移到新圈舍。

c. 牛马圈调换，但两圈之间应有一定距离。

（2）治疗　在对症治疗和输液的同时，可选用贝尼尔（血虫净、三氮脒），早期应用效果较好。剂量为每千克体重 7 毫克，用灭菌蒸馏水配成 7％水溶液臀部分点肌内注射，每天 1 次，连续 3～4 天为一个疗程。也可注射磷酸伯胺喹啉。

二、羊泰勒焦虫病

1. 病原

有两种：分别是山羊泰勒虫和绵羊泰勒虫。两种都可以感染山羊和绵羊。虫体形态多样，主要有圆环形、椭圆形、杆状、逗点形、圆点形、大头针样等，以圆形或卵圆形多见。

2. 症状

体温 39～41℃，稽留热，病程 7～15 天，其他与牛的症状相似。

3. 病理变化

肾脏黄褐色，表面有淡黄色或灰白色结节和出血点。肺充血水肿、心冠脂肪出血、血液稀薄颜色淡，凝固不良，膀胱黏膜有出血点，皱胃黏膜肿胀，尿发黄、浑浊或血尿。

4. 诊断

同牛的诊断方法。

5. 治疗

同牛的治疗方法。

第二节 牛羊巴贝斯焦虫病

牛羊巴贝斯焦虫病是巴贝斯科、巴贝斯属的原虫寄生于牛、羊红细胞引起的疾病，旧称"焦虫病"。该病在我国牛有 3 种类型，羊有 1 种类型。主要症状为高热、贫血、黄疸、血红蛋白尿，死亡率很高。虫体形态有梨籽形、圆形、卵圆形及不规则形等多种形态。

1. 病原

虫体半径大于红细胞半径的称为大型虫体，否则为小型虫体。

（1）牛双芽巴贝斯虫　为大型虫体，体长 2.8～6 微米。寄生于牛，每个红细胞内有 1～2 个虫体，虫体位于红细胞中央，特征性虫体（典型虫体）是 2 个梨籽形虫体以其尖端相对呈锐角，虫体内有 2 团染色质（核）。

（2）牛巴贝斯虫　小型虫体，1.5～2.4 微米，虫体多位于红细胞边缘，典型虫体是 2 个梨籽形虫体以其尖端相对呈钝角，虫体内只有 1 团染色质。

2. 防治

药物预防、灭蜱参考泰勒虫。治疗药物有贝尼尔、台盼蓝、硫酸喹啉脲（阿卡普林）、咪唑苯脲等。

第二章
线虫病

第一节 捻转血矛线虫（捻转胃虫）病

代表性线虫为毛圆科。毛圆科主要有下列属：血矛属、毛圆属、奥斯特属（棕色胃虫）、古柏属、细颈属、似细颈属、马歇尔属和长刺属等。它们是牛羊等反刍兽胃肠道内常见的线虫种类。

1. 病原

捻转血矛线虫，也称捻转胃虫，主要寄生于真胃。虫体淡红色，头端细，口囊小，内有一矛状刺。有颈乳突。

雄虫长 15～19 毫米；交合伞的背叶偏于一侧，背肋呈"人"字形；有两根等长的交合刺，刺近末端处有倒钩；导刺带为梭形。

雌虫长 27～30 毫米。肠管呈红色（吸血所致），生殖器官呈白色，两者相互捻转，形成红白相间的麻花状外观。生殖孔处多数有一舌状结构——阴道盖。

2. 生活史

雌虫产出的卵随粪排入外界后，约经 1 周发育为感染性幼虫，然后经口感染宿主，到达真胃后约经20天发育为成虫。

3. 流行病学

成虫寿命大约为1年。雌虫每天可产卵5000～10000个，卵在北方地区不能越冬。第3期幼虫抵抗力强，在一般草场上可存活3个月，不良环境中可休眠达1年；该期幼虫有向植物茎叶爬行的习性及对弱光的趋向性，温暖时活性加强。此病流行甚广，各地普遍存在，多与其他毛圆科线虫混合感染，为害家畜。

4. 致病作用

矛状刺刺破胃黏膜，吸血夺取营养，且可分泌抗凝血酶。据统计，2000条虫体每天可吸血30毫升，重度感染易导致严重贫血。大量寄生可使胃黏膜广泛损伤，发生溃疡。另外还可分泌毒素，抑制宿主神经系统活动，使宿主消化吸收机能紊乱。

5. 症状

急性型多见于羔羊，高度贫血，可视黏膜苍白，短期内引起大批死亡。亚急性型表现为黏膜苍白，下颌间、下腹部及四肢水肿。下痢、便秘相交替，衰弱消瘦。慢性型病程长，发育不良，渐进性消瘦。

6. 诊断

漂浮法查虫卵，但虫卵特征性不强，进一步鉴别需作幼虫培养，对第3期幼虫进行鉴定。剖检可找虫

体，具有特征性，不难确定。

7. 治疗

（1）左旋咪唑 片剂，牛羊 6～8 毫克/千克体重，口服。针剂，羊 7.5 毫克/千克体重，牛 5 毫克/千克体重，皮下或肌内注射。

（2）丙硫咪唑 牛羊 5～10 毫克/千克体重，内服。

8. 预防

定期驱虫，春秋季各 1 次。夏秋感染季节避免吃露水草，不在低湿地带放牧，草场可和单蹄兽轮牧。加强饲养管理，注意冬季补饲，搭建棚圈。

第二节 食道口线虫（结节虫）病

反刍兽食道口线虫病是毛线科食道口属的几种线虫的幼虫及其成虫寄生于反刍兽大肠（主要是结肠）引起的，由于某些种类的食道口线虫幼虫可钻入宿主肠黏膜，使肠壁形成结节，故又称结节虫。

1. 病原

属食道口属，常见的种类有哥伦比亚结节虫、辐射结节虫、微管结节虫、粗纹结节虫和甘肃结节虫等。

该属的特征是：虫体长 12～22 毫米；口囊较小，

口孔周围有 1～2 圈叶冠；有的尚有头泡颈沟、颈乳突，有的还有侧翼膜；雄虫交合伞较发达，有一对等长的交合刺；雌虫生殖孔位于肛门前方不远处，排卵器呈肾形。

各虫种的区别主要是：叶冠的圈数；头泡、侧翼膜的有无；颈乳突的位置、形状及神经环的位置等。

2. 生活史和流行病学

卵随粪排出后，发育为感染性幼虫，经口感染宿主。某些种类的结节虫幼虫进入宿主体后，钻入肠壁形成结节，在其内蜕 2 次皮，后返回肠腔，发育为成虫。从感染到成虫排卵约需 30～40 天。

虫卵在低于 9℃ 时不发育，高于 35℃ 则迅速死亡。春末夏秋，宿主易遭受感染。

3. 致病作用

幼虫钻入肠壁引起炎症，机体免疫反应导致局部形成结节，进而钙化，使宿主消化吸收受到影响。结节主要是在成年羊形成，6 个月以下羔羊不能形成。

幼虫移行过程中，一部分误入腹腔，可引起腹膜炎。成虫寄生于肠道，分泌毒素，加重结节性肠炎的发生。

4. 症状

重度感染可使羔羊发生持续性腹泻。粪便呈暗绿色，含有多量黏液，有时带血，严重时引起死亡。

慢性病例表现为腹泻、便秘相交替，渐进性消瘦。

5. 诊断

生前诊断可粪检虫卵，鉴别则进行幼虫培养。剖检诊断可检查虫体，观察结节。

6. 防治

同捻转血矛线虫病。

第三篇
牛羊常见内科疾病防治

第一章
消化道疾病

第一节　前胃弛缓

前胃弛缓又称瘤胃弛缓，中兽医称为"脾胃虚弱"，是指瘤胃肌肉的兴奋性和活动性降低的疾病，它并不是一种独立的疾病，而是作为许多疾病过程中特征性的综合征。临床上以食欲减退和瘤胃蠕动机能减弱、反刍减退、发生消化不良，乃至全身机能紊乱为特征。本病是牛的多发病，舍饲牛群更为常见，山羊次之，绵羊较少发。

1. 病因

常分为原发性和继发性两大类。

（1）原发性病因　主要是饲养管理不当，如急性谷类饲料过食症，长期饲喂富含粗纤维而不易消化的草料，粗纤维坚硬，刺激性强，饮水不足；误食化纤、尼龙绳、尼龙袜、塑料袋等；严冬早春，水冷草枯；饲料单一、饲料日粮配合不当，矿物质和维生素缺乏，特别是缺钙以及运动缺乏都会导致胃神经兴奋性降低、瘤胃收缩力减弱、食物在前胃内不能正常消化和后送，从而导致异常发酵产生腐败的有毒物质，引起消化机能障碍和紊乱。常发生于冬春季节及农忙时节。

（2）继发性病因 如创伤性网胃腹膜炎，迷走神经胸支和腹支损伤、腹腔脏器粘连；口腔、舌和牙齿疾病，胃肠道疾病等；营养障碍，代谢机能异常以及外科、产科疾病；某些急性与慢性传染病及寄生虫病，如牛的肝片吸虫病、流行热；临床治疗中长期内服大剂量磺胺类或抗生素类制剂，使瘤胃中微生物菌群共生关系受到破坏，呈现消化不良，导致消化机能紊乱，亦可引起前胃弛缓。

2. 症状

主要临床症状表现为食欲减退或废绝，反刍、嗳气减少或停止，带有酸臭味，体温、呼吸、脉搏正常。触诊瘤胃内容物黏硬或呈粥样状，瘤胃内容物的 pH 值改变，纤毛虫数量减少。粪便初期变化不大，随后变为干硬、色暗、被覆黏液，有脱水现象。急性病例可在采食后几小时就发病，病程长的被毛干枯、无光泽，皮肤干燥、弹性弱，眼球下陷，末梢发冷，有时腹泻，粪便呈糊状，腥臭。有时便秘腹泻交替进行。严重者脱水和酸中毒，卧地不起。奶牛泌乳量下降。

3. 诊断

根据病因分析、临床症状和瘤胃液检查可进行

诊断。

（1）病因分析　通过病史、流行病学调查及临床检查以确定引起瘤胃弛缓的真正原因。

（2）临床症状　主要临床表现为食欲减少或消失，反刍次数减少或停止；体温、脉搏、呼吸及全身其他机能状态无明显改变，但奶牛泌乳量下降；瘤胃收缩力减弱，蠕动次数减少，时而嗳出带有酸臭味的气体，瘤胃充满内容物，有轻度或中度膨胀，粪便干燥，有时表现为下痢，有的患牛呈现空口咀嚼。

（3）瘤胃液检查　胃液氢离子浓度升至3163纳摩尔/升（pH5.5）或更高（正常氢离子浓度为100～316.3纳摩尔/升，pH6.5～7），瘤胃纤毛虫减少甚至消失，瘤胃内微生物也随之下降。

临床上应注意与酮血症、创伤性网胃炎、皱胃变位等相区别。

4. 治疗

对本病的治疗原则，是找出病因，加强护理，增强瘤胃机能；防腐制酵及防止酸中毒，加速内容物的排出，促进食欲、反刍的恢复，并要针对引起瘤胃弛缓症状出现的疾病及时地予以治疗。

对于原发性前胃弛缓，发病初期或病情较轻者可用液体石蜡500毫升（食用油也可）、大黄苏打片500片灌服（或人工盐250克、硫酸镁500克、苏打粉100克），前胃泻空后可喂服干酵母或复合维生素

B以促进牛胃内正常菌群快速恢复。实际上，应用10％氯化钠溶液100毫升、5％氯化钙溶液200毫升、20％安钠咖溶液10毫升，静脉注射，可促进前胃蠕动，提高治疗效果。最佳治疗方法是使用中西药结合法。中药：党参50克、当归35克、苍术40克、茯苓45克、厚朴30克、干姜20克、陈皮40克、枳壳40克、三仙（山楂、麦芽、神曲各60克），碾为细末，开水冲服，1剂/天，连用3天。西药：10％葡萄糖1000毫升、12.5％肌醇30毫升、复方氯化钠溶液1000毫升、葡萄糖酸钙200毫升、安钠咖20毫升，混合静脉注射，1次/天，连用3天。以上剂量根据畜体体质、病情酌情加减。

对于继发性前胃弛缓，需要同时治疗原发病，要在补液的同时加入抗微生物（抗生素和抗病毒药物）或皮质激素等药物治疗。对精神状态差、不思饮食的牛可加入安钠咖或辅酶A及能量合剂或黄芪多糖等。当然也可应用中兽医针灸的方法进行治疗，效果也不错。

5. 预防

防止本病的关键是改善饲养管理、合理调配饲料，变换饲料要逐渐进行，不可突然改变，防止各种不利因素的刺激。让牛不要过度劳累，休闲时适当运动。注意牛舍卫生，补充矿物质和维生素，提高牛体健康水平。

第二节 瘤胃积食

瘤胃积食是指瘤胃内充盈过量的食物，致使瘤胃壁扩张和停滞，瘤胃容积增大，从而导致瘤胃运动机能及消化功能紊乱的疾病。中兽医称"宿草不转"或"胃食滞"。

是因前胃的兴奋性和收缩力减弱，采食了大量难以消化的粗硬饲料或易臌胀的饲料，在瘤胃内堆积，形成脱水和毒血症的一种疾病。临床上以瘤胃体积增大且较坚硬、胃蠕动音消失为特征。反刍动物均可发病，其中以老龄体弱的舍饲牛多见。

1. 病因

（1）采食大量难消化、富含粗纤维的饲料，如花生秸、玉米秸、豆秸、稻草、谷草等，且饮水不足。

（2）过食精饲料，粗饲料喂量不足或缺乏，如玉米、大麦、小麦、豌豆、大豆等谷物喂量多。

（3）饲养无规律，突然变更饲料或饲养次数。如长期大量饲喂牛羊喜爱的饲料，或突然变更饲料，特别是从适口性差的饲料更换为适口性好的饲料，牛羊贪食，吃得过多。

（4）饲料保管不严，牛羊偷吃了大量精料。

（5）长期放牧的牛、羊突然转为舍饲，采食多量难以消化的粗干草而发病，产后及长途运输后也可发生此病。此外，继发性瘤胃积食见于胃肠道患有其他疾病，如创伤性网胃炎、前胃弛缓、真胃及瓣胃疾病、便秘，或牛羊长期处于饥饿状态、消化力减弱，如此时饲喂大量难以消化的饲料就可引起本病。

由于采食大量的饲料，使瘤胃内容物大量增加，引起消化机能紊乱，瘤胃的感受器受到刺激，使瘤胃兴奋性升高，蠕动增强，产生腹痛，久之就会由兴奋转为抑制，瘤胃蠕动减弱，内容物后送机能障碍，逐渐积聚而发生膨胀。

积聚的食物内部可发生腐败发酵，产生分解产物和有害气体及返酸，这些有害物质能够刺激黏膜，引起炎症和坏死，吸收后引起自体中毒和酸中毒，使全身症状加重，同时由于腹压增大，压迫膈肌，加上自体中毒有害物质的作用，影响心肺活动，使心跳、呼吸发生变化。

2. 症状

该病通常在采食后数小时内发病，临床症状明显。初期表现为精神沉郁、行走困难、蹒跚、食欲减退、反刍及嗳气减少或停止、鼻镜干燥，出现腹痛现象，表现不安、拱腰、回头顾腹或后肢踢腹，肌肉震颤，起卧呻吟。

左侧肷部膨大，触诊瘤胃时，内容物较多，且较坚硬，病畜不安，用力按压后可形成压痕（呈面团状）；叩诊呈浊音。空嚼、口腔干燥，鼻镜随着病情的加重而逐渐干燥，双眼睁大，并有轻度脱水；听诊时病初蠕动次数增加，以后瘤胃蠕动音减弱或消失，初排粪便正常，以后粪便迟滞或停止，粪便变干，后期坚硬呈饼状（有些病例会发生下泻）；心跳、呼吸随着腹围的增大而加快，出现呼吸困难，以后心跳加快，可达 120 次/分，全身颤抖、衰竭，眼球突出，头颈伸直，四肢张开，甚至张口呼吸，黏膜发绀，卧地不起，陷于昏迷状态。

采食大量精料引起的积食，病情发展较急，瘤胃内产生大量乳酸、挥发性脂肪酸、氨等物质导致瘤胃酸中毒。使瘤胃内环境被破坏，瘤胃内渗透压升高，发生瘤胃弛缓、积液，严重者表现兴奋、痉挛、视觉障碍、严重脱水、循环虚脱等导致死亡。

3. 诊断

根据病史、病因分析及临床症状，通过望诊、触诊、听诊等，确诊本病不难。

（1）望诊　病牛鼻镜干燥、龟裂、无鼻珠，有时出现腹痛不下。

（2）触诊　瘤胃胀满，用手按压坚实，用力重压可成坑。

（3）听诊　瘤胃蠕动音减弱，蠕动波短，次数减少，严重者消失。由于胀满的瘤胃压迫隔膜，引起呼吸困难。通过食欲减少、反刍减少或停止、嗳气障碍、腹围膨大，听诊瘤胃蠕动音减弱消失、叩诊呈浊音或半浊音等临床症状，能初步判断为瘤胃积食。

4. 治疗

治疗原则：尽快移除瘤胃内容物，解除瘤胃酸中毒。

首先绝食 1～2 天，轻症的一般使用按摩疗法，即在左肷部用手掌按摩瘤胃，每次 5～10 分钟，每隔 30 分钟按摩 1 次。结合灌服大量温水，则效果更好。

（1）药物治疗

① 灌服泻剂，促进胃内容物的排空。常用的方法是：硫酸镁 500～1000 克、苏打粉 100～120 克，加足够常水，一次灌服；或硫酸镁 500 克、液体石蜡 1000 毫升、鱼石脂 20 克，加水一次灌服。

② 加强瘤胃收缩机能，解除酸中毒。可采用 10％氯化钠液 500 毫升、20％安钠咖 10 毫升，一次静脉注射。或葡萄糖生理盐水 1000 毫升、25％葡萄糖液 500 毫升、5％碳酸氢钠 500 毫升，一次静脉注射，每日 1 次或 2 次。

③ 应用兴奋瘤胃运动的药物，如静脉注射促反刍注射液，皮下注射可用新斯的明、乙酰胆碱、毛果芸香碱等。

④ 中药疗法。以健脾开胃、消食化滞为主。可用大承气汤加减。处方：大黄 60 克、芒硝 200 克、

厚朴 50 克、枳实 45 克、山楂 50 克、陈皮 30 克、木香 60 克、槟榔 60 克，共研末，加植物油 250 毫升，混合灌服。

（2）洗胃疗法　对于大量采食精料而发生的积食，可以经胃导管向瘤胃内大量投服生理盐水，将其导出；再灌入，再导出；反复洗胃，可收到治疗效果。

（3）手术疗法　若药物治疗不见效果时，用瘤胃切开术取出瘤胃内容物，病畜采用右侧卧式或站立保定，在左肷中部开刀，切口长约 25 厘米，后切开瘤胃壁，取出内容物即可。本法应在急性和早期的病例使用，同时要根据积食的程度、阻塞物的性质来决定。但不应过晚进行，否则，由于病程延长、机体中毒、抵抗力下降导致手术后效果不好。

5. 预防

本病的预防在于加强饲养管理，防止突然变换饲料、饥饿或过食。合理调制饲料，不喂发霉、腐烂饲料，不能片面加大精料喂量，要重视干草的供应。粗饲料要适当加工软化，在饲喂粗饲料如豆秸、麦秸、花生秧和白薯秧时要控制进食量，应作适当的加工，要铡短后再喂，喂时要配合其他饲料，严防单纯化。加强饲料的保管，防止偷吃。避免外界各种不良因素的刺激和影响，保持其健康状态。注意充分饮水，适当运动。

第三节 瘤胃臌气

瘤胃臌气，是由于反刍兽采食了大量易发酵的食物，瘤胃和网胃内产生大量的发酵气体，促使瘤胃急性膨胀的一种疾病。临床上以呼吸极度困难，反刍、嗳气障碍，腹痛，腹围急剧增大等为特征。通常有两种形式，一种是气体与瘤胃内容物混合的持久泡沫型，另一种是气体与食物分开的游离型。该病主要发生于牛，也常发生于羊。

1. 病因

常分为原发性和继发性病因两大类。

（1）原发性瘤胃臌气　也称泡沫性臌气。其特点是正常发酵的气体以稳定的泡沫的形式夹杂于瘤胃液内。其主要病因是牛羊采食了如车轴草、苜蓿、三叶草等（尤其在开花之前）含有皂苷、果胶、半纤维素，特别是可溶性叶蛋白（最主要的发泡剂）的牧草，能引起泡沫性瘤胃膨气。初春放牧于青草茂盛的牧场，或多食枯萎青干草、粉碎过细的粗料、发霉腐败的饲料（马铃薯、红萝卜、地瓜等）及山芋类引起瘤胃急性扩张而导致发病。

（2）继发性瘤胃臌气　也称游离气体型臌气，多见于瓣胃阻塞、创伤性网胃心包炎、前胃弛缓、植物

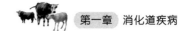

中毒等。

2. 症状

泡沫性臌气（原发性瘤胃臌气）发病快且急，一般在采食易发酵饲料过程中或采食后数小时发病。病畜初期表现不安、回头顾腹、呻吟等。特有症状：腹围明显增大，左肷部凸起，严重时可突出脊背，按压时有弹性，胃壁扩张，叩诊呈鼓音，下部触诊内容物不硬，腹痛明显，后肢踢腹，频频起卧，甚至打滚；饮食欲废绝，反刍、嗳气停止。在病初期瘤胃蠕动增强，但很快就减弱甚至消失，瘤胃内容物呈粥状，有时呈射箭状从口中喷出；呼吸高度困难，严重时张口呼吸，舌伸出，流涎和头颈伸展，眼球震颤，凸出；呼吸加快，达 68～80 次/分；结膜先充血后发绀；心动亢进，脉搏细弱，增数达 100～120 次/分，颈静脉及浅表静脉怒张，但体温一般正常。病牛后期精神沉郁、出汗（耳根、肷部、肘后明显）；病至末期，站立不稳，倒卧不起，不断呻吟，最终窒息或心力衰竭而亡。

游离气体型臌气（继发性臌气）大多数发病缓慢，病牛食欲降低，左腹部臌胀，触诊腹部紧张但较原发性低，经一定时间而反复发作，有时有不规则的间歇，发作时呼吸困难，间歇时又转为平静。瘤胃蠕动一般均减弱，反刍、嗳气减少，重症时则完全停止。病程可达几周甚至数月，病畜逐渐消瘦、衰弱，便秘和腹泻交替发生。

3. 病理变化

病畜死后立即剖检，瘤胃壁过度紧张，充满大量的气体及含有泡沫性内容物；死后数小时剖检的病例，瘤胃内容物泡沫消失，有的皮下出现气肿，偶尔有的病例瘤胃或膈肌破裂，下部瘤胃黏膜特别是腹囊具有明显的红斑，甚至黏膜下瘀血（暗红）；角化的上皮脱落；肺脏充血；肝脏和脾脏因受压而贫血。

4. 诊断

原发性瘤胃臌气，根据病史（采食过量多汁青草或大量易发酵的饲料，发病季节常见于夏秋之间及春季动物抢青时）和临床特点（腹部显著胀大、叩诊呈鼓音、呼吸困难、结膜发绀、病程短促等）不难诊断。继发性瘤胃臌气的特征为周期性或间隔时间不规则的反复臌气，诊断并不难，但原发病因不容易确定，必须进行详细的临床检查、分析方可诊断。

5. 治疗

瘤胃臌气发病迅速、急剧，必须及时抢救，防止窒息。治疗原则是：排除病因，及时排出气体，制止瘤胃内容物继续发酵，消胀，健胃消化，强心补液，适时急救。

（1）对急性病例采用瘤胃切开术、瘤胃穿刺术和胃管放气法。

① 瘤胃切开术。泡沫性鼓气药物治疗无效时，

即应进行瘤胃切开术，取出其中的内容物，按照外科手术要求处理，防止污染，常常获得良好的效果。

② 瘤胃穿刺术。用套管针（或大号针头）从病畜左肷部膨胀最高处剪毛，皮肤用 10% 碘酊消毒，左手按压皮肤，使之紧贴瘤胃壁，右手将套管针在脊突与穿刺点的腹壁呈 60°刺入一定深度（术部先用小刀切开皮肤或直接刺入），抽出针栓，压紧套管与创孔间隙，使气体排出，必要时可通过套管向瘤胃灌服制酵剂如松节油、鱼石脂。要缓慢放出气体，以免放气太快引起脑贫血。

③ 胃管放气法。用开口器固定口腔，选取直径为 3 厘米的硬质胶管，经口腔插入瘤胃中，术者将胃管前、后、左、右、上、下移动，助手用手压迫左侧腹壁，促使瘤胃内气体排出。为能加速内容物排出，可经胃管向瘤胃内灌入清水 1000～1500 毫升，随即将其从瘤胃内导出；再灌水，再导出；这样反复多次洗胃，可起到治疗作用。

（2）原发性瘤胃膨气　消除泡沫，可用以下药物：

① 松节油 50～60 毫升、鱼石脂 20～25 克、酒精 100～150 毫升，混合，一次灌服。加适量的水内服，具有消胀作用。

② 二甲基硅油 5～10 克、酒精 100～200 毫升，混合一次灌服。

③ 液体石蜡油或植物油 500～1000 毫升、松节

油 80～90 毫升，灌服。

（3）继发性瘤胃臌气 可用胃导管放气，除了套管穿刺到瘤胃进行放气外，必须要诊断出引起瘤胃臌气的原发病，并采取针对性治疗。用一根小木棍横衔于牛（羊）口中，两端用细绳固定于角上，促进其唾液分泌，或用硫酸镁 500～1000 克、碳酸氢钠粉 100～150 克，加水 1000 毫升，一次灌服。

如泡沫臌胀时放气困难，应即时注入制酵消沫药，使气体容易放出。在农村、牧区，紧急情况下可用醋、稀盐酸、大蒜、食用油等内服，具有消胀和止酵作用。

6. 预防

限量喂给易发酵的饲草饲料，禁喂质量不良的草料。由舍饲改为放牧时，应逐渐增加放牧时间，防止贪食过多。少饮冷水，饮水不过量，拌草拌料水分要适当。饲养场要防止风、寒、暑、湿等病因的袭击，积极治疗原发病。总之，此病大都与放牧和饲养不当有关。因此为了预防臌气，必须做到以下几点：

（1）春初放牧时，每日应限定时间，有危险的植物不能让牛（羊）任意饱食；一般在生长良好的苜蓿、三叶草等豆科牧草地放牧时，不能超过 20 分钟。第一次放牧时，时间更要尽量缩短（不可超过 10 分钟），以后逐渐增加，即不会发生大问题。雨后及早晨露水未干以前不要放牧。

（2）将不引起膨气的粗饲料如干草、秸秆至少以10％～15％的含量掺入谷物日粮中，不饲喂磨细的谷物。

（3）饲喂青嫩的豆科牧草以前，应先喂些富含纤维的干草。

（4）不要喂给霉烂的饲料，也不要喂给大量容易发酵的饲料。如豆科植物苜蓿应阴干后再喂；如喂青苜蓿，应控制喂量。豆饼、大豆应限制喂量，并应用开水浸泡后再喂。在饲喂新饲料或变换放牧场时，应该严加看管，以便及早发现。

（5）帮助放牧员掌握简单的治疗方法。放牧时，要带上木棒、套管针（或大针头、小刀子）或药物，以便急需之用，因为急性膨胀往往可以在30分钟内引起死亡。

第四节　创伤性网胃腹膜炎

创伤性网胃炎又称"铁器病"或"铁丝病"，是由于反刍兽在采食中，将金属异物或其他尖锐异物随食物进入网胃，导致网胃和腹膜损伤及炎症的疾病。金属物造成网胃壁穿孔，开始伴有急性局部性腹膜炎，然后发展为急性弥漫性或慢性局部性腹膜炎，或转变为其他器官损伤的后遗症，包括心包炎、迷走神经性消化不良、膈疝，以及肝、脾化脓性损害。本病主要发生于舍饲的奶牛或肉牛以及半舍饲半放牧的牛，间或发生于山羊，其他反刍兽少见。

1. 病因

与其他原发性前胃疾病不同，本病仅是由于饲料中混进了金属异物。牛的口腔对不能消化的异物辨别能力比较迟钝，同时牛的吃食习惯和网胃解剖生理特征，都与吞食异物、导致网胃创伤有密切关系。由于饲料中混进了金属异物，特别是钢丝、铁丝，异物随食物进入网胃后，在强力收缩作用下，可能刺伤或穿透胃壁，甚至损伤其他脏器，导致发生网胃炎和其他脏器炎症。这些异物在某些饲料中经常混合存在，例如各种油饼、渣糟，以及冶金、机械工业区收割的饲草中。

2. 症状

（1）典型病例主要表现消化扰乱、网胃和腹膜的疼痛，以及包括体温、血象变化在内的全身反应。食欲降低或废止，反刍缓慢或停止。瘤胃蠕动微弱，可呈现持续的中度臌气，粪量减少、干燥，呈深褐色至暗黑色，常覆盖一层黏稠的黏液，有时可发现潜血。

（2）网胃疼痛 典型病例精神沉郁，拱背站立，四肢聚拢于腹下，肘外展，肘肌震颤，排粪时拱背、举尾、不敢努责，每次排尿量亦减少。呼吸时呈现屏气现象，呼气抑制，作浅表呼吸。有人发现压迫胸椎脊突和胸骨剑状软骨区时，可发现呼气呻吟声。病牛立多卧少，一旦卧地后不愿起立，或持久站立，不愿卧下，也不愿行走。当牛群放出到运动场时，病牛总是最后离开牛房，且走步缓慢；而当放回牛房时，病牛则迟迟逗留在运动场内，最后才返回牛房；给予强迫运动时，病牛两前肢摸索前进，特别当下坡或急转弯时，在急性病例，表现得十分缓慢和小心，甚至不肯继续前进，同时伴有呻吟。

（3）全身症状 当呈急性经过时，病牛精神较差，表情忧郁，体温在穿孔后第 1～3 天升高 1℃ 以上，以后可维持正常，或变成慢性，不食和消瘦。若异物再度转移，导致新的穿刺伤时，体温又可能升高。有全身明显反应时，呈现寒战、浅表呼吸、脉搏达 100～120 次/分。乳牛的突出症状，就是在病的一开始便发现泌乳量显著下降。当伴有急性弥漫性腹膜炎时，上述全身症状表现得更加明显。

3. 诊断

临床上十分典型的病例不多，所以诊断时应该系统观察，从病因、临床症状、血液等方面检查，必要时借助 X 射线和金属异物探测器检查。

血液学变化往往是典型的，对诊断和预后有重要参考意义。典型的病例，第一天白细胞总数可增高至8000～12000 个/立方毫米，后来白细胞总数可增高达 14000 个/立方毫米，其中嗜中性白细胞由正常的

30％～35％增高至 50％～70％，而淋巴细胞则由正常的 40％～70％降低至 30％～45％。这种情况是乳牛血象变化的一般规律，因而在无并发症的情况下，淋巴细胞与嗜中性白细胞比例呈现倒置（由正常的 1.7∶1.0 反转为 1.0∶1.7）。严重的病例，伴有明显的嗜中性白细胞核左移现象，以及出现中毒性白细胞（细胞质形成空泡、不正常的着色、细胞膜的破裂、核脱出、核不规则等），甚至在早期，就可见到白细胞的核脱出现象。在慢性病例，白细胞水平很长时间不能恢复到正常，并且单核细胞持久升高达 5％～9％，而缺乏嗜酸性粒细胞这一点颇有诊断意义。在急性弥漫性腹膜炎时，白细胞总数往往急剧下降，但大多数严重继发病的病例，一般其白细胞总数下降不一致。

理想的诊断方法是借助 X 射线检查。当应用 X 射线诊断创伤性网胃-腹膜炎时，宜同金属异物探测器检查结合进行。利用金属探测器检查，一般可获得阳性反应。但要注意，凡探测呈阳性者，未必表明已造成穿孔，因为其他一些非铁质的金属物或塑料等硬质的尖锐物，也可导致网胃壁的穿孔（例如硬竹枝造成的穿孔）。若探测为阴性，则大致可以排除铁器伤。金属探测器与金属异物摘出器的结合，对牛群的普查和预防确实有价值，而在手术前判断异物存在的位置以及在手术后和缝合前判断异物是否完全被取除，应用金属探测器的辅助检查是必要的。

4. 治疗

目前尚无理想的治疗方法，一般一经确诊，就应将患畜淘汰。但也可考虑采用两种治疗方法，即保守法和手术疗法。保守疗法一般可应用抗生素药物，以控制炎症的发展，但不能根治。根治疗法应于早期行瘤胃切开术，经瘤胃入网胃摘取异物。当网胃与膈或腹膜粘连时，手术效果可疑。发生创伤性网胃-心包炎时，手术效果不理想。

5. 预防

主要是改善饲养管理，杜绝饲料中混入金属等异物，特别是收割饲草时更应注意。在收割饲草时需要人为拾干净铁丝、塑料等异物。饲草贮备要远离金属异物，尤其在改建牛场和运动场以及房屋时要注意。饲喂时，对各种混合料要用带有铁磁的叉子进行搅拌，主要是使混合料拌匀，另一方面杜绝磁铁的混入。磁铁或饲料通过电磁筛，以除去铁质异物混入。对牛群定期用金属探测器进行普查，对阳性反应牛及时采取措施，同时实施定期瘤胃去铁。

第二章
呼吸道常见病

第一节 支气管炎

1. 病因

（1）原发性支气管炎　寒冷刺激、机械性因素（吸入粉状饲料、尘埃等）和化学性因素（吸入氯气、氨气、二氧化硫等）的作用及各种异物（灌服食物、药物不当等）、花粉过敏等导致。

（2）继发性支气管炎　常见于某些传染病（结核、口蹄疫、肺疫、犬瘟热等）和寄生虫病（肺丝虫病等）、邻近器官炎症的蔓延（如喉炎、气管炎、肺炎等）所致。

2. 临床症状

咳嗽，流鼻液，初少量浆液性，后为黏液性。胸部听诊肺泡呼吸音增强，啰音。叩诊无变化。炎症未蔓延到毛细支气管时，全身症状较轻，体温正常或升高 0.5～1.0℃。炎症蔓延到毛细支气管时，全身症状重剧，体温升高 1～2℃，呼吸疾速、困难，可视

黏膜发绀。胸部听诊，可听到干啰音和小水泡音。X
线检查，有较粗纹理的支气管阴影，但无灶性阴影。

3. 诊断

（1）临床诊断 根据病史、咳嗽、啰音、X 线检
查等临床症状，作出诊断。

（2）鉴别诊断 临床上注意与以下疾病鉴别。

① 喉炎。喉部肿胀、触诊敏感、疼痛，常有饲
料碎片和脓汁在一起从口鼻排出，肺部叩诊与听诊均
无变化。

② 支气管肺炎。全身症状明显，体温呈弛张热
型，胸部叩诊有点片状浊音区，听诊肺泡呼吸音减弱
或消失，有小水泡音和捻发音。

③ 肺充血和肺水肿。突然发病，病程急促，有
红色或淡黄色泡沫样鼻液，呼吸高度困难，肺部听诊
有捻发音和湿啰音。

④ 肺气肿。喘气。

4. 治疗

（1）祛痰止咳 分泌物黏稠时，应用溶解性祛痰
剂；频发痛咳，分泌物不多时，可选用镇痛止咳剂，
如复方樟脑酊、磷酸可待因或复方甘草合剂。

（2）抑菌消炎 病畜全身症状较重时，可应用抗生
素或磺胺类药物，有人主张在牛可向气管内注入抗生素。

（3）呼吸高度困难时，可肌内注射氨茶碱、麻
黄素。

第二节 支气管肺炎

支气管肺炎是由非特异性病原微生物感染引起的以细支气管和肺泡内浆液渗出和上皮细胞脱落为特征的炎症。由于肺泡内积聚由脱落的上皮细胞、血浆和白细胞等组成的卡他性炎性渗出物，因而又称卡他性肺炎。在多数病例中，由于炎症首先始于支气管，继而蔓延到细支气管及其所属的个别或多个肺小叶，故亦称小叶性肺炎。临床上以弛张热或间歇热、咳嗽、呼吸数增多、叩诊有局灶性浊音区、听诊有啰音间或捻发音等为特征。各种动物均可发病，尤其多见于幼龄和老龄动物，春、秋两季多发。

1. 病因

（1）原发性病因 支气管肺炎通常是由感冒或支气管炎进一步发展而成。因此，凡能引起感冒、支气管炎的致病因素，都是支气管肺炎的病因。如受寒和感冒，饲养管理不当，某些营养物质缺乏，长途运输，物理、化学及机械性刺激（如吸入刺激性气体氨气、氯气、二氧化硫、热空气等），过度劳役等。

（2）继发性病因 支气管肺炎可继发于：①吞咽障碍或药液误投入气管内引起的异物性肺炎；②某些传染病，如流感、口蹄疫、牛恶性卡他热、结核等；

③某些寄生虫病，如肺丝虫病、蛔虫病、弓形虫病、水牛气管比翼线虫病等；④某些化脓性疾病，如子宫炎、乳腺炎等。

2. 临床症状

病初呈支气管炎的症状，表现为咳嗽，初期为干咳，以后发展为短咳、痛咳、湿咳等，人工诱咳阳性。流浆液性或黏液性或脓性鼻液，初期及末期量较多。呼吸加快并有不同程度的呼吸困难。

随着病情的发展，当多数肺泡群出现炎症时，全身症状明显加重。患病动物精神沉郁，食欲减退或废绝，黏膜潮红或发绀，体温升高 $1.5\sim2.0℃$，呈弛张热型，脉搏随体温的升高而加快，第二心音增强。

肺部听诊，病灶部肺泡呼吸音减弱或消失，有时可听到局灶性捻发音；健康部位肺泡呼吸音代偿性增强，甚至亢进。随炎性渗出物的改变，可听到湿啰音或干啰音，当各小叶炎症融合后，则肺泡及细支气管内充满渗出物时，肺泡呼吸音消失，有时出现支气管呼吸音。

3. 诊断

根据咳嗽、弛张热型、小片浊音区、局灶性肺泡呼吸音减弱或消失、出现捻发音或各种啰音，及 X 线检查所见可确诊。

4. 治疗

治疗原则为加强护理、抗菌消炎、祛痰止咳、制止渗出、促进渗出物的吸收和排除，对症疗法。

（1）抗菌消炎 临床上主要应用大剂量抗生素和磺胺类药物以及氟喹诺酮类药物进行治疗。如果是由病毒和细菌混合感染引起，应选用抗病毒药物如病毒灵或病毒唑，或同时应用双黄连或清开灵注射液等静脉注射。抗菌消炎药物的选择应取鼻分泌物进行药敏试验，以便对症用药。抗生素胸腔注射或气管注射，疗效最佳。抗菌药物疗程一般为 3～7 天，或在退热后 3 天停药。

（2）祛痰止咳 当咳嗽频繁、分泌物黏稠时，选用溶解性祛痰剂。剧烈频繁咳嗽，分泌物不多时，可用镇痛止咳剂（参见支气管炎治疗）。

（3）制止渗出，促进渗出物的吸收和排出 为防止炎性物渗出，马、牛用 10％氯化钙 100～150 毫升或 10％葡萄糖酸钙液 300～500 毫升，10％葡萄糖 500～1000 毫升，25％维生素 C 20 毫升，静脉注射，2 次/天。羔羊可用 l0％葡萄糖酸钙 15～20 毫升。

（4）对症疗法 体温升高时，可应用解热剂；为了改善消化道机能和促进食欲，可用苦味健胃剂；改善心功能用 25％葡萄糖 500～1000 毫升，10％安钠咖 10～20 毫升，10％水杨酸钠 100～150 毫升，40％乌络托品 60～100 毫升，静脉注射；5％碳酸氢钠 250～500 毫升，静脉注射。

（5）中兽医疗法 选用银翘散加减：金银花 40 克、连翘 45 克、牛蒡子 60 克、杏仁 30 克、前胡 45

克、桔梗 60 克、薄荷 40 克，共为末，牛、马开水冲服。

（6）加强护理　将动物置于光线充足、空气清新、通风良好且温暖的圈舍内，供给营养丰富、易消化的饲料、饲草和清洁饮水。

5. 预防

加强饲养管理，避免雨淋受寒、过度劳役等诱发因素。供给全价日粮，健全、完善免疫接种制度，减少应激因素的刺激，增强机体的抗病能力。及时治疗原发病。

第三章
中毒性疾病

某些物质与体表接触或通过呼吸道、消化道等途径进入机体后，与体液、组织发生生物物理或生物化学作用，损害组织、破坏神经及体液的调节机能，导致正常生理功能发生障碍，引起代谢紊乱，甚至危害生命，称为中毒。这些引起中毒的物质统称为毒物。由于毒物进入机体的量和速度不同，中毒的发生有急慢性之分。

第一节　氢氰酸中毒

氢氰酸中毒是由于家畜采食富含氰苷配糖体的植物及其籽实饲料所引起的以呼吸困难甚至窒息的一种急性中毒病。临床上以发病快、流涎、腹痛、气胀、呼吸困难、呼出气有苦杏仁味、震颤痉挛、结膜和血液鲜红色和急性死亡等为特征。

1. 病因

世界上至少有 2000 多种植物含有氰苷足以引起人和动物采食后发生氢氰酸中毒，特别是加工处理不当的木薯、亚麻籽、豆类及新鲜的高粱、玉米幼苗、蔷薇科植物的叶子及许多牧草等，其氰苷含量较高，动物采食后引起中毒；或者动物误食含氰化物的农药，引起中毒。

当动物采食含有氰苷或氰化物，经胃内酶和盐酸的作用水解，产生游离的氢氰酸，抑制细胞色素氧化酶活性，使其丧失传递电子和激活分子氧的作用，导致细胞呼吸链中断，引起组织缺氧，出现各种中毒症状。

2. 临床症状

氢氰酸中毒发病特别快，急性病例在采食含氰苷的植物 15～20 分钟后即发病，初期表现兴奋和呼吸加快，随之表现呼吸困难和心跳过速，流出大量泡沫状涎液，大量流泪，偶尔呕吐。整个过程一般不超过 45 分钟，超过 2 小时不死亡的动物一般能恢复。

及时剖检可见血液和可视黏膜呈鲜红色，但时久也变为青紫色。血液一般凝固不良，剖开胃内可闻到苦杏仁味，并发现采食含有氰苷的饲料。肺和呼吸道内有大量泡沫性液体堵塞。

3. 诊断

根据采食含氰苷饲料的病史，临床表现发病急剧，黏膜、血液呈鲜红色，呼出气体和胃内容物具有苦杏仁味，可初步作出诊断，确诊需要对饲料、血液等采样检测氰化物含量。

该病与一氧化碳中毒近似，也表现皮肤、黏膜、血液呈鲜红色，可根据使用煤火和通风情况区别；急性亚硝酸盐中毒发生也很快，但其血液呈巧克力状的棕褐色；尿素中毒也有剧烈腹痛和神经症状，但其瘤胃内散发氨气味。

4. 治疗

发病后立即按照 20 毫克/千克体重静脉注射 5%～10% 亚硝酸钠无菌溶液，随之再按照 500 毫克/千克注射 10%～20% 硫代硫酸钠溶液，后者一般根据需要反复注射，一般毒性较小；必要时可在 2～4 小时后再次按 10 毫克/千克体重静脉注射 5%～10% 亚硝酸钠 1 次。大量的亚硝酸使血红蛋白变为高铁血红蛋白，后者夺取与细胞呼吸酶结合的氰离子成为氰化高铁血红蛋白，使细胞色素氧化酶恢复活性。在体内硫氰酸酶的作用下，将氰离子转变为无毒的硫氰酸盐，经肾脏排出体外。有条件的情况下，可进行输氧疗法，能有效补充二者的治疗效果。

也可以尝试单独按 500 毫克/千克静脉注射硫代硫酸钠，同时每头牛口服 30 克硫代硫酸钠中和瘤胃内的氢氰酸。

5. 预防

禁止在有氰苷糖配体植物的地区放牧。实在不可避免饲喂含有氰化物时，最好先放于流水中浸渍 24 小时或漂洗，或者经晾晒、切割等加工，可促进氢氰酸的挥发。加强日常饲养管理，防止氰化物污染饲料和饮水而引起动物中毒。

第二节　霉变饲料中毒

霉变饲料中毒是指动物采食了发霉变质或被霉菌污染的饲料引起的一种急性或慢性中毒性疾病，临床上以神经症状、呕吐、下痢、黄疸为特征。各种动物都可发生，仔畜及妊娠母畜较敏感。

1. 病因

寄生于牧草、青贮饲料、玉米、花生、棉籽及饼粕中的具有致病性的霉菌在含水量和温度适宜的条件下，迅速生长繁殖并产生毒素，当病畜采食后常造成中毒，造成大批发病和死亡。目前研究发现能产生致人和动物中毒的霉菌有 50 多种，其中最常见的毒素有黄曲霉素、赭曲霉素、镰刀菌毒素。

2. 临床症状

（1）黄曲霉素中毒　以肝性疾患、出血性素质、水肿和神经症状为主要特征。

（2）赭曲霉素中毒　小剂量的毒素主要侵害肾脏，表现多尿和消化机能紊乱；大剂量毒素侵袭肝脏，病畜呈现肝脏功能障碍，相对来说，幼龄动物比成年动物更敏感、危害更大。

（3）镰刀菌毒素中毒　镰刀菌毒素的 T-2 毒素，是真菌毒素中最强烈的一种，可引起受害动物皮肤、口、肠和肝脏的坏死，影响血液凝固，增高小血管的渗透性，引起广泛性出血。牛的急性中毒表现食欲不振、步态蹒跚、口腔黏膜溃疡和坏死、流涎；胃肠道黏膜溃疡、坏死，表现腹泻、脱水、血便。慢性中毒的犊牛表现生长缓慢，怀孕牛饲喂含 T-2 毒素污染的饲料，可导致流产和不育。

3. 诊断

由于确诊本病需要较高的技术和设备条件测定各种毒素及其含量，因此，目前对发霉饲料中毒的诊断，主要根据饲喂霉变饲料的病史、临床症状及死后剖检组织学变化等进行综合性分析。有条件的单位可作生物学接种、分离培养等，以便进一步鉴别和确诊。

4. 防治

预防霉菌中毒的根本措施是严格禁止使用霉败饲料饲喂。

贮存饲料防霉败的关键是控制水分和温度。对饲料谷物尽快进行干燥处理，并置于干燥、低温处贮存。目前尚未有满意的去霉方法。已经采食霉菌毒素的动物可用 0.1% 高锰酸钾溶液、清水或弱碱性溶液进行灌肠、洗胃，然后投服吸附剂（如活性炭、氟石）、缓泻剂（如硫酸镁、硫酸钠、石蜡油等），同时停喂精料，只喂青绿饲料，待最终好转后再逐步增添精料。已中毒出现严重临床症状的，针对相应症状进行对症治疗，如保肝、护肾、镇静解痉、控制继发感染等，同时注意避免水电解质失衡，必要时可根据病畜的体质及经济价值，作适当的换血或泻血治疗。

第四篇
牛羊常见产科疾病防治

第一章
怀孕期疾病

第一节　流　产

　　流产是由于胎儿或母体的生理过程发生扰乱，或它们之间的正常关系受到破坏，而使怀孕中断，可发生在怀孕的各个阶段，但以怀孕早期较为多见。各种家畜均能发生，以牛居多。一般而言，大家畜在预产期前一个月产出的胎儿不能成活。流产的发生率因饲养管理及是否有传染病而有很大不同。如饲养管理不良，农区的马流产率有时可达30%左右，奶牛约在10%～20%。流产造成的损失是严重的，它不仅使胎儿夭折，而且危害母畜健康，使奶畜的产奶量减少、役畜的役用能力降低。家畜常因并发生殖器官疾病而造成不孕，严重的使畜群再生产计划不能完成。因此必须特别重视对流产的防治。

1. 病因

　　流产的原因很多，可以概括为三类，即普通流产（非传染性流产）、传染性流产和寄生虫性流产。每类流产又可分为自发性流产和症状性流产。自发性流产为胎儿和胎盘发生反常或直接受到影响而发生的流产；症状性流产是孕畜某些疾病的一种症状，或者是饲养管理不当导致的结果。

（1）普通流产（非传染性流产）　其原因可以大致可归纳为以下几种。

① 自发性流产：胎儿附属膜发生异常，往往导致胚胎死亡。例如，无绒毛或绒毛发育不全，使胎儿与母体间的物质交换受到限制，胎儿不能发育。这种异常有时为先天性的，一般不引起流产，只是胎儿的生活能力不强。

a.胚胎过多：胎儿的多少，受畜种所特有的子宫容积控制。这种流产常发生在怀孕 6～7 个月或以后，其原因是胎儿绒毛膜和子宫黏膜的接触面均受到限制，血液供应不足，胎儿得不到足够的营养，不能发育下去。牛、羊双胎，特别是两个胎儿在同一子宫角内，流产比怀单胎时多。这些情况都可以看作是自发性流产的一种。

b.胚胎发育停滞：在怀孕早期的流产中，胚胎发育停滞是胚胎死亡的一个重要类型。发育停滞可能是因为卵子或精子有缺陷；也可能是由于近亲繁殖，受精卵的活力降低。因而，囊胚不能发生附植，或附植后不久死亡。有的畸形胎儿在发育中途死亡，但也有很多畸形胎儿能够发育到足月。

此外羊的早期胚胎可因环境温度过高、湿度过大而间接受到影响，发生死亡。

②症状性流产：在普通流产中，广义的症状性流产不但包括因母畜普通疾病及生殖激素失调引起的流产，而且也包括饲养管理不当、损伤及医疗错误引起的流产。下述病因是引起流产的可能原因，但并不是这些原因都一定引起流产，这可能和畜种、个体反应程度及其生活条件有关。有时流产是几种原因共同造成的。

a.生殖器官疾病：母畜生殖器官疾病所造成的症状性流产较多。例如，患局限性慢性子宫内膜炎时，交配可以受孕，但在怀孕期间如果炎症发展起来，则胎盘受到侵害，胎儿死亡。患阴道脱出及阴道炎时，炎症可以破坏子宫颈黏液塞，侵入子宫，引起胎膜炎，危害胎儿。此外，先天性子宫发育不全、子宫粘连等，也能妨碍胎儿的发育，导致怀孕至一定阶段即不能继续下去。胎水过多（牛）、胎膜水肿偶尔也可能引起流产。与怀孕有关的生殖激素失调，也会导致胚胎死亡及流产，其中直接有关的是孕酮和雌激素。母畜生殖道的机能状况，在时间上和受精卵由输卵管进入子宫及其在子宫内的附植处于精确的同步阶段。因激素作用导致发生扰乱，子宫环境不能适应胚胎发育的需要，而发生胚胎早期死亡。以后，如孕酮不足，也能使子宫不能维持胎儿的发育。

母畜食入具有雌激素作用的植物，也能破坏子宫的正常机能，使胚胎早期死亡率增高。

非传染性全身疾病，例如牛羊的臌气等，可能因反射性地引起子宫收缩，血液中二氧化碳增多，或起卧打滚，导致流产。牛顽固性瘤胃弛缓及真胃阻塞，拖延时间长的能够导致流产。患妊娠毒血症，有时发生流产。此外，能引起体温升高、呼吸困难、高度贫血的疾病，都有可能发生流产。

b.饲养性流产：草料数量严重不足和饲料中矿物质含量不足均可引起流产。此外，饲料品质不良及饲喂方法不当，例如喂给发霉和腐败饲料，饲喂大量饼渣，喂给含有亚硝酸盐、农药或有毒植物的饲料，均可使孕畜中毒而流产。孕畜由舍饲突然转为放牧，饥饿后喂以大量可口饲料，能够引起消化紊乱或疝痛而导致流产。另外，吃霜冻草、露水草、冰冻饲料，饮冷水，尤其是出汗、空腹时及清晨饮冷水或吃雪，均可反射性地引起子宫收缩，而将胎儿排出。

c.损伤性及管理性流产：这也是造成散发性流产的一个最重要的原因，主要由于管理及使用不当，使子宫和胎儿受到直接或间接的机械性损伤，或孕畜遭受各种逆境的剧烈危害，引起子宫反射性收缩而流产。

腹壁的碰伤、抵伤和踢伤，母畜在泥泞、结冰、光滑或高低不平的地方跌倒，抢食以及出入圈时过挤，都可使子宫或胎儿受到剧烈震荡或压迫，引起胎儿死亡。

剧烈迅速的运动、跳越障碍和沟渠、上下滑坡等，都会使胎儿受到震动。

长途跋涉、车船运输等，可使母畜极度紧张疲劳，体内产生大量二氧化碳和乳酸，因而血液中的氢离子浓度升高，刺激延脑中的血管收缩中枢，引起胎盘血管收缩，胎儿得不到足够的氧气，有可能引起死亡。精神性损伤（惊吓、粗暴地鞭打头腹部或打冷鞭、惊群、打架等）可使母畜精神紧张、肾上腺素分泌增多，反射性地引起子宫收缩。

骤寒及长时间遭受寒冷侵袭，也常引起流产。

d. 医疗错误性流产：兽医临床上的全身麻醉，大量放血，手术，服入大量泻剂、驱虫剂、利尿剂，注射某些可以引起子宫收缩的药物（氨甲酰胆碱、毛果芸香碱、槟榔碱或麦角制剂等），误给大量催情药（如雌激素制剂、前列腺素等）和怀孕忌服的中草药（如乌头、附子、桃仁、红花等）以及注射疫苗等，均有可能引起流产。

用刺激发情的制剂（前列腺素）进行同期发情前，未作怀孕诊断，误用于孕畜，会导致流产。粗鲁的直肠和阴道检查、孕后配种，也可能引起流产。

（2）传染性流产　是由传染病所引起的流产。这些疾病可侵害胎盘及胎儿、生殖器官引起自发性流产，如布鲁氏菌病；流产也可作为疾病的一种症状，而发生症状性流产，如结核病等。

（3）寄生虫性流产　是由寄生虫引起的流产。引起自发性流产的寄生虫病有胎毛滴虫病，引起症状性流产的寄生虫病有结核病、牛泰勒焦虫病等。

2. 症状及诊断

由于流产的发生时期、原因及母畜反应能力有所不同，流产的病理过程及所引起的胎儿变化和临床症状也很不一样。归纳起来有四种，即隐性流产、显性流产、延期流产和习惯性流产。下面对这四种流产的症状加以介绍。

（1）隐性流产　这类流产的特点是胚胎发育早期胎儿死亡，被母体吸收，故临床一般不表现症状，牛唯一的症状就是返情。

（2）显性流产　提前产出死亡而没有发生其他变化的胎儿，这种情况是流产中最常见的一种。胎儿死后，它对母体好似外物一样，引起子宫收缩反应（有时则否，见胎儿干尸化），母畜于数天内即将死胎及胎衣排出。流产的预兆及过程与正常分娩相似。如排出胎儿是活的，则称为早产。但产前的预兆不像正常分娩那样明显，往往仅在排出胎儿前2～3天乳腺突然膨大、阴唇稍微肿胀、乳头内可挤出清亮液体，牛阴门内有清亮黏液排出。早产胎儿如有吮乳反射，须尽力挽救，帮助它吮食母乳或人工喂奶，并注意保暖。怀孕初期的流产，因为胎儿及胎膜很小，排出时不易发现，而被误认为是隐性流产。怀孕前半期的流产，事前常无预兆。怀孕末期流产的预兆和早产相同。胎儿未排出前，直肠检查摸不到胎动（牛的胎动不明显，必须经过耐心触诊才能作出判断），母畜怀孕脉搏变弱。阴道检查发现子宫口开张，黏液稀薄。如胎儿较小，排出顺利，预后较好，以后母畜仍能受孕。否则，胎儿腐败后可引起子宫阴道炎症，以后母畜不易受孕；偶尔还可能继发败血症，导致母畜死亡。因此必须尽快使胎儿排出。

（3）延期流产（死胎停滞）　胎儿死亡后如果由于阵缩微弱，子宫颈管不开或开放不大，死后长期停留于子宫内，称为延期流产。依子宫颈是否开放，有以下两种情况。

① 胎儿干尸化：胎儿死亡，但未排出，其组织中的水分及胎水被吸收，变为棕黑色，好像干尸一样，称为胎儿干尸化。按照一般规律，胎儿死后不久，母体就会把它排出体外。但如黄体不萎缩，仍维持其机能，则子宫并不强烈收缩，子宫颈也不开放，胎儿仍留于子宫中。因为子宫腔与外界隔绝，阴道中的细菌不能侵入，如果细菌也未通过血液进入子宫，胎儿就不腐败分解。以后，胎水及胎儿组织中的水分逐渐被吸收，胎儿变干，体积缩小，并且头及四肢缩在一起。胎儿干尸化多见于奶牛，这和母体及其子宫对胎儿死亡的反应敏感程度有关。母牛一般是在怀孕期满后数周内，黄体的作用消失而再发情时，才将胎儿向外排出。排出胎儿有时也可发生在怀孕期满以前，个别的干尸化胎儿则长久停留于子宫内不排出。排出胎儿前，母牛不表现全身症状，所以不易发现。

但如经常注意母牛的全身状况，则可发现母牛怀孕至某一时间后，怀孕的外表现象不再发展。直肠检查感到子宫像一圆球，其大小依胎儿死亡时间的不同而异，且较怀孕一定月份应有的体积小得多。一般大如人头，但也有较大或较小的。内容物很硬，这就是胎儿。在硬的内容物中较软的地方，乃是胎儿身体各部分之间的空隙。子宫壁紧包着胎儿，摸不到胎动、胎水及子叶。有时子宫与周围组织发生粘连。卵巢上有黄体。摸不到怀孕脉搏。预后一般都较好。只要全身健康，多数仍能继续生殖。

②胎儿浸溶：怀孕中断后，死亡胎儿的软组织被分解，变为液体流出，而骨骼留在子宫内，称为胎儿浸溶。胎儿死亡后，究竟是发生浸溶或者干尸化，关键在于黄体是否萎缩。如黄体萎缩，子宫颈管就开放，微生物从阴道侵入子宫及胎儿，胎儿的软组织先是气肿，两天后开始液化分解排出；骨骼则因子宫颈开放不够大，排不出来。胎儿浸溶比干尸化少，有时见于羊，牛较少。由此也可看出，因为畜种不同，母畜流产的表现也有很大差异。牛胎儿气肿及浸溶时，细菌引起子宫炎，并因而使母畜表现败血症及腹膜炎的全身症状。先是在气肿阶段，精神沉郁、体温升高、食欲减少、瘤胃蠕动弱，并常有腹泻。如为时已久，上述症状即便有所好转，但母畜极度消瘦，经常努责。胎儿软组织分解后变为红褐色或棕褐色难闻的黏稠液体，在努责时流出，其中并可带有小的骨片。

最后则仅排出脓液，液体沾染在尾巴和后腿上，干后成为黑痂。阴道检查，发现子宫颈开张，在子宫颈内或阴道中可以摸到胎骨。视诊还可看到阴道及子宫颈黏膜红肿。直肠检查可以帮助诊断，并和胎儿干尸化作出鉴别。子宫的情况一般和胎儿干尸化时相同，子宫壁厚，但可摸到胎儿参差不平的骨片，捏挤子宫还能感到骨片互相摩擦。子宫颈粗大。如在分解开始后不久检查，因软组织尚未溶解，则摸不到骨片摩擦；然而这时借阴道检查，仍能和胎儿干尸化与正常怀孕区别开来。所以大部分骨片可以排出，仅留下少数。最后子宫中排出的液体也逐渐变得清亮。如果畜主不了解母畜的病史，且因母畜屡配不孕而来检查，可使兽医认为只是子宫内膜炎。

胎儿浸溶，就母畜的生命来说，预后必须谨慎，因为这种流产可以引起腹膜炎、败血症或脓毒血病导致死亡。对于母畜以后的受孕能力预后不佳，因为它可以造成严重的慢性子宫内膜炎，子宫也常和周围组织发生粘连，使母畜不能受孕。

（4）习惯性流产　每次流产往往发生在同一怀孕阶段。

3. 治疗

首先应确定属于何种流产以及怀孕能否继续进行，在此基础上再确定治疗原则。

（1）对先兆流产的处理　临床上出现孕畜腹痛、

起卧不安、呼吸脉搏加快等现象，可能发生流产。处理的原则为安胎，使用抑制子宫收缩药，但必须诊断胎儿死活，如为活胎，可采用如下措施。

① 肌注孕酮：牛 50～100 毫克，羊 10～30 毫克，每日或隔日 1 次，连用数次。为防止习惯性流产，也可在怀孕的一定时间试用孕酮。

② 给予镇静剂：如硫酸镁等。也可用中药保胎散等，特别是在不能肯定胎儿死活的情况下，尽量用中药。

③ 禁行阴道检查，尽量控制直肠检查，以免刺激母畜。可进行牵遛，以抑制努责。

（2）先兆流产经上述处理，病情仍未稳定下来，阴道排出物继续增多，起卧不安加剧；阴道检查，子宫颈口已经开放，胎囊已进入阴道或已破水，流产已成难免，应尽快促使子宫内容物排出，以免胎儿死亡腐败后引起子宫内膜炎，影响以后受孕。

如子宫颈口已经开大，可用手将胎儿拉出。流产时，胎儿的位置及姿势往往反常，如胎儿已经死亡，矫正遇有困难，可以行使截胎术。如子宫颈管开张不大，手不易伸入，可参考人工引产中所介绍的方法，促使子宫颈开放，并刺激子宫收缩。

（3）对于延期流产，胎儿发生干尸化或浸溶者，首先可使用前列腺素制剂，继之或同时应用雌激素，溶解黄体并促使子宫颈扩张。同时因为产道干涩，应在子宫及产道内灌入润滑剂。

在干尸化胎儿，由于胎儿头颈及四肢蜷缩在一起，且子宫颈开张不大，必须用一定力量或先截胎才能将胎儿取出。

在胎儿浸溶时，如软组织已基本液化，须尽可能将胎骨逐块取净。分离骨骼有困难时，须根据情况先加以破坏后再取出。如治疗得早，胎儿尚未浸溶，仍呈气肿状态，可将其腹部抠破，缩小体积，然后取出。操作过程中，术者须防止自己受到感染。

取出干尸化及浸溶胎儿后，因为子宫中留有胎儿的分解组织，必须用消毒液或 5％～10％ 盐水等冲洗子宫，并注射子宫收缩药，使液体排出。对于胎儿浸溶，因为有严重的子宫炎及全身变化，必须在子宫内放入抗生素，并须特别重视全身治疗，以免发生不良后果。

（4）对习惯性流产，可试用在配种后和将要流产前两个阶段采取保胎措施进行预防。

4. 预防

引起流产的原因是多种多样的，各种流产的症状也有所不同。除个别流产在刚一出现症状时可以试行抑制以外，大多数流产一旦有所表现，往往无法阻止。尤其是群牧牲畜，流产常常是成批的，损失严重。因此，在发生流产时，除了采用某些治疗方法，以保证母畜及其生殖道健康以外，还应对整个畜群的情况进行详细调查分析，观察流出的胎儿及胎膜，必要时进行实验室检查，首先作出确切诊断，然后才能提出有效的具体预防措施。

调查材料应包括饲养放牧条件及制度（确定是否为饲养性流产）；管理及使役情况，是否受过伤害、惊吓，流产发生的季节及气候变化（损伤性及管理性流产）；母畜是否发生过普通病、畜群中是否出现过传染病及寄生虫病；以及治疗情况如何，流产时的怀孕月份，母畜的流产是否带有习惯性等。对排出的胎儿及胎膜，要进行细致观察，注意有无病理变化及发育反常。在普通流产中，自发性流产表现有胎膜上的反常及胎儿畸形；霉菌中毒可以使羊膜发生水肿、革样坏死，胎盘也水肿、坏死并增大。但由于饲养管理不当、损伤及母畜疾病、医疗事故引起的流产，一般都看不到有什么变化。在传染性及寄生虫性的自发性流产，胎膜及（或）胎儿常有病理变化。例如牛因布氏杆菌病流产的胎膜及胎盘上常有棕黄色黏脓性分泌物，胎盘坏死、出血，羊膜水肿并有皮革样的坏死区；胎儿水肿，胸腹腔内有淡红色的浆液等。马沙门氏杆菌病流产胎儿也有同样变化，羊膜上也有水肿、出血及坏死区。上述流产常发生胎衣不下。具有这些病理变化时，应将胎儿（不要打开，以免污染）、胎膜以及子宫阴道分泌物送实验诊断室检验，有条件时并应对母畜进行血清学检查。症状性流产，则胎膜及胎儿没有明显的病理变化。对于传染性的自发性流产，应将母畜的后躯及所污染的地方彻底消毒，并将母畜适当隔离。正确的诊断，对于做好保胎防流工作是十分重要的。只要认真进行调查、检查和分析，做出诊断，才能结合具体情况提出实用的措施，预防流产的发生。在农村中，大家畜的普通流产除了少数自发性流产外，绝大多数都是因为饲养管理、使役不当所致，也就是人为因素造成的。但在重视预防流产的同时，也不要对孕畜过于娇养，因为不进行合理的使役，对母畜的健康也是有害的，奶牛妊娠毒血症就是例子。总之，防治流产的主要原则是，在可能的情况下，制止流产的发生；当不能制止时，应促使死胎排出，以保证母畜及其生殖道的健康不受损害；分析流产发生的原因，根据具体原因提出预防方法；杜绝传染性及自发性、寄生虫性流产的传播，以减少损失。

第二节 产前瘫痪

产前瘫痪是怀孕末期孕畜既无导致瘫痪的局部症状（例如腰臀部及后肢损伤），又没有明显的全身症状，但不能站立的一种疾病。各种家畜均有发生，但以牛和猪多见，马也发生。此病带有地域性，有的地区常大量发生，体弱衰老的孕畜更容易发病。

1. 病因

许多病例的发病原因很难查清楚。孕畜截瘫可能是怀孕末期许多疾病的症状，其原因有营养不良、胎水过多、严重的子宫捻转、损伤性胃炎继发腹膜炎、酮血病、风湿、腰臀部及后肢损伤等。但饲料单纯，营养不良，缺乏钙、磷等矿物质及维生素，可能是发病的主要原因，因为补充钙、磷及青绿饲料，改善营养并增加阳光照射等常有良好的疗效及预防作用。

骨骼中的钙、磷和体液以及其他组织中的钙、磷，在正常情况下是动态平衡的。若食物中钙、磷不足或比例失调，骨中钙盐即沉着不足，同时血钙浓度也下降，从而促进甲状旁腺素分泌，刺激破骨细胞的活动，而使骨盐（主要为磷酸钙、碳酸钙、枸橼酸钙）溶解，释入血中，维持血浆中钙的生理水平，骨的结构因之受到损害。怀孕末期，由于胎儿发育迅速，对矿物质的需要增加，母体优先供应胎儿的需要，而子宫的重量也大为增加，且骨盆韧带变松软，因而后肢负重发生困难，甚至不能起立。

长期饲喂含磷酸及植酸多的饲料，过多的磷酸及植酸和钙结合，形成不溶性磷酸钙及植酸钙，随粪排出，使消化道吸收的钙减少。有些地区土壤及饮水（特别是井水）中普遍缺磷，骨盐也不能沉着。胃肠机能扰乱、慢性消化不良、维生素 D 不足等，也能妨碍钙经小肠吸收，使血钙浓度降低。

此外，铜、钴、铁等微量元素不足，可因引起贫血及衰弱而发生本病。

2. 症状

牛一般在分娩前 1 个月左右逐渐出现运动障碍。最初仅见站立时无力，两后肢经常交替负重；行走时后躯摇摆，步态不稳；卧下时起立困难，因而长久卧地。以后症状增重，后肢不能起立。有时则可能步态不稳，滑倒后突然发病。

临床检查，后躯无可见的病理变化，触诊无疼痛表现，反应正常。如距分娩时间尚久，患病时间长，可能发生褥疮及患肢肌肉萎缩；有时伴有阴道脱出。通常没有明显的全身症状，但有时心跳快而弱。分娩时，母牛可能因轻度子宫捻转而发生难产。

应注意与胎水过多、子宫捻转、损伤性胃炎、风湿、酮血病、骨盆骨折、后肢韧带及肌腱断裂等鉴别诊断，因为这些疾病均可继发后肢不能站立。

3. 预后

预后和发病时间及病情轻重有密切关系。发病时间距分娩越近，病情越轻，预后越好；如距分娩不超过半月，产后多能很快复原，否则可能因褥疮继发败血症而死亡。

4. 治疗及护理

如产前截瘫可能是因缺钙引起的，牛可静注 10% 葡萄糖酸钙 200 毫升及 5% 葡萄糖溶液 500～2000 毫升，隔日 1 次，有良好效果；也可每日 1 次静注 10% 氯化钙 100 毫升及 5% 葡萄糖 500～2000 毫升。为了促进钙盐吸收，可肌注骨化醇（维生素 D_2），牛 10～15 毫升（每毫升含 40 万单位）；或维生素 AD，牛 10 毫升（1 毫升含维生素 A5 万单位，维生素 D5000 单位），羊 3 毫升，隔两日 1 次，2～5 天后运动障碍症状即有好转。如有消化扰乱、便秘、瘤胃臌气等，应对症治疗。

电针（或针灸）治疗可选用百会、肾俞、汗沟、巴山及后海等穴，或以上穴位注射维生素 B_1，共 80～100 毫升。

如距分娩已近，且因发生褥疮而有引起全身感染的危险时，可人工引产，以挽救母畜及胎儿的生命。

孕畜产前截瘫的治疗，往往时间拖延很长。必须耐心护理，并给予含矿物质及维生素丰富的易消化饲料，给病畜多垫褥草；每日要翻转数次，并用草把等摩擦腰荐部及后肢，促进后肢的血液循环。

病畜有可能站立时，每日应抬起几次；抬牛的方法是在胸前及坐骨粗隆下围绕四肢捆上一条粗绳，由数人站在病牛两旁，用力抬绳，只要牛的后肢能够站立，就能把它抬起。

5. 预防

怀孕母畜的饲料中须含有足够的钙、磷及微量元素，因此需要补加骨粉、蛋壳粉等动物性饲料；也可根据当地草料饮水中钙、磷的含量，添加相应的矿物质。粗、精、青饲料要合理搭配，要保证孕畜吃上青

草及青干草。一般来说，只要钙、磷的供应能够满足需要，额外补充维生素 D 并无必要，但冬季舍饲的孕畜仍应多晒太阳。

如因草场不好，牛在冬末产犊期前发生产生截瘫的较多，可将配种时间推后，使产犊期移至青草长出以后。产前一个多月如能吃上青草，预防母牛产生截瘫效果良好。

第三节 阴道脱出

阴道脱出为阴道壁的一部分（部分脱出）或全部（完全脱出）突出阴门之外，多见于怀孕末期，但产后也有发生。

本病多发生于舍饲的奶牛及羊，其他家畜少见。水牛在发情时偶尔亦能发生。

1. 病因

怀孕母畜年老经产、衰弱、营养不良、缺乏钙磷等矿物质及运动不足，常引起全身组织紧张性降低；怀孕末期，胎盘分泌的雌激素较多，或摄食含雌激素较多的牧草，可使骨盆内固定阴道的组织及外阴松弛。在上述情况下，如同时伴有腹压持续增高的情况，例如胎儿过大、胎水过多、瘤胃臌胀、便秘、腹泻、产前截瘫、患严重软骨病卧地不起，或乳牛长期拴于前高后低的厩舍内，以及产后努责过强等，压迫松软的阴道壁，均可使其一部分或全部突出于阴门外。牛患卵巢囊肿，因分泌雌激素较多，也常继发阴道脱出。另外，牛及山羊的阴道脱出也可能与遗传有关。

2. 症状

阴道部分脱出：主要发生在产前。病初仅当病畜卧下时，可见前庭及阴道下壁（有时为上壁）形成拳头大、粉红色瘤样物，夹在阴门之间，或露出于阴门之外；母畜起立后，脱出部分能自行缩回。以后，如病因未除，经常脱出，则能使脱出的阴道壁逐渐变大，以致病畜起立后经过较长时间脱出的部分才能缩回，因此黏膜往往红肿干燥。有的母畜每次怀孕末期均发生，称为习惯性阴道突出。

阴道完全脱出：产前发生者，常常是由于阴道部分脱出的病因未除，或由于脱出的阴道壁发炎、受到刺激，导致不断努责而引起的。此时可见一排球大小的囊状物从阴门中突出（牛），表面光滑，粉红色；病畜起立后，脱出的阴道壁不能缩回。在脱出的末端，可以看到黏液塞甚至于宫颈外口；下壁的前端可见到尿道口，排尿不顺利。胎儿的前置部分有时进入脱出的囊内，触诊可以摸到。产后发生者，脱出往往不完全，所以体积一般较产前脱出者小；在其末端有时可看到子宫颈膣部肥厚的横皱襞，有时则看不到。

脱出的阴道壁也较厚。

阴道的脱出部分由于长期不能回缩，黏膜即淤血，变为紫红色；黏膜发生水肿，严重时可与肌层分离；表面干裂，流出血水。因受地面摩擦及粪尿污染，常使脱出的阴道黏膜破裂、发炎、糜烂或者坏死。严重时可继发全身感染，甚至死亡。冬季则易发生冻伤。

根据阴道脱出的大小及损伤发炎的轻重，病畜有不同程度的努责。牛的产前完全脱出，常因阴道及子宫颈受到刺激，发生持续强烈的努责，可能引起直肠脱出、胎儿死亡及流产等。病畜精神沉郁，脉搏快而弱，食欲减少，常继发瘤胃臌胀。牛产后发生阴道脱出，须注意检查是否有卵巢囊肿。

3. 预后

视发生的时期、脱出的程度及久暂、致病原因是否去除而定。部分脱出，预后均良好。完全脱出，发生在产前者，距分娩越近，预后越好，不会妨碍胎儿排出，分娩后多能自行恢复。如距分娩尚久，预后则须十分谨慎，因为整复后不易固定，一再反复脱出，容易发生阴道炎、子宫颈炎，炎症可能破坏黏液塞，侵入子宫，引起胎儿死亡及流产；产后可能久配不孕。

发生过阴道脱出者，再怀孕时容易复发，也容易发生子宫脱出。

4. 治疗

（1）阴道部分脱出 因病畜起立后能自行缩回，所以仅防止脱出部分继续增大、避免损伤及感染发炎即可。为此，可将病畜拴于前低后高的厩舍内，同时适当增加自由运动，减少卧下的时间；将尾拴于一侧，以免尾根刺激脱出的黏膜。给予易消化饲料；对便秘、腹泻及瘤胃弛缓等病，应及时治疗。

（2）阴道完全脱出 必须迅速整复，并加以固定，以防复发。整复及固定方法如下。

整复前先将病畜保定于前低后高的地方，不能站立的应将后肢垫高，小动物可提起后肢，以减少骨盆腔内的压力。努责强烈，妨碍整复时，应先在荐尾间隙或第一、二尾椎间隙行轻度硬膜外麻醉；也可将药物注射于后海穴。

用防腐消毒液（如 0.1％高锰酸钾，0.05％～0.1％新洁尔灭等）将脱出的阴道充分洗净，除去坏死组织，伤口大时要进行缝合，并涂以消炎药剂。若黏膜水肿严重，可先用毛巾浸以 2％明矾水进行冷敷，并适当压迫 15～30 秒；亦可针刺水肿黏膜，挤压排液；涂以过氧化氢，可使水肿减轻，黏膜发皱。

整复时先用消毒纱布将脱出的阴道托起，在病畜不努责时，用手将脱出的阴道向阴门内推送；待全部推入阴门以后，再用拳头将阴道推回原位。最后在阴道腔内注入消毒药液，或在阴门两旁注入抗生素，以便消炎，减轻努责；热敷阴门也有抑制努责的作用。如果努责强烈，亦可在阴道内注入 2% 普鲁卡因 10～20 毫升。整复后，如病因未除，容易复发。为防止再次脱出，可采用压迫固定阴门、缝合阴门（或阴道）、在阴门两侧深部组织内注射酒精、尾间隙硬膜外麻醉、注射肌肉松弛剂等方法，其中以缝合阴门及阴道侧壁和臀部皮肤缝合的方法较为确实可靠。

（3）阴门缝合　可用粗缝线在阴门上作二三道间断褥垫缝合、圆枕缝合、纽扣缝合或双内翻缝合。牛以采用双内翻缝合较好；这种缝合要在距阴门裂 3 厘米皮厚处进针，距阴门裂 0.5 厘米处出针，两侧露在皮肤外面的缝线上必须套一段橡皮管，防止强烈努责时缝线将皮肤勒破；阴门的下 1/3 部分不要缝合，以免妨碍排尿。数天后病畜不再努责时，再拆除缝线，拆线不要过早；但如术后很快临产，须及时拆线。

阴道侧壁与臀部皮肤缝合：整复后病牛如仍强烈努责，缝线往往会将皮肤撕裂，使阴道再度脱出，这时可改用将阴道侧壁缝在臀部皮肤上的方法。这种缝合，由于缝针穿过处的结缔组织发炎增生，最后发生粘连，因而固定比较结实，阴道不易再脱出。其方法为：局部剪毛消毒，皮下注射 1% 盐酸普鲁卡因 5 毫升（亦可不进行局麻）。在牛会阴前 20～25 厘米的臀中部，用刀尖将皮肤切一小口。术者一手伸入阴道内，将阴道壁尽量贴紧骨盆侧壁，另一手拿着穿有粗缝线的长直针（柄上有孔的操作针及细的缝麻袋针均可代用），倒着持有针孔的一端从皮肤切口刺入，慢慢用力钝性穿过肌肉，一直穿透阴道侧壁黏膜。注意不要刺破骨盆侧壁的大动脉（手在阴道内能很清楚地摸到动脉的搏动，故容易避免缝针把它刺破）。然后在阴道内将缝线的一端从针孔内抽出并拉至阴门外，随即在皮肤外拔出缝针。在缝线的阴道端上拴以大纱布块或大衣纽扣，再将缝线的皮肤端向外拉，使阴道侧壁紧贴骨盆侧壁，亦拴上大纱布块。用同法把另侧阴道壁与臀部皮肤也缝合起来。缝合后，肌内注射抗生素3～4天，阴道内涂消炎药液。病畜如不努责，10天左右即可拆线。皮肤创口如化脓，拆线后给予适当外科处理，很快即可愈合。

整复固定后，还可在阴门两侧深部组织内各注入酒精20～40毫升，刺激组织发炎肿胀，压迫阴门，这样可以阻止阴道再次脱出。还可电针后海穴及外阴两侧2厘米处的治脱穴，第一次电针2小时，以后每天电针1小时，连用1周。

有时阴道脱出的孕畜，特别是卧地不能起立的骨软症及衰竭患畜，整复及固定后仍持续强烈努责，无法制止，甚至可能引起直肠脱出及胎儿死亡。对这样的病例，应作直肠检查，确定胎儿的生死，从而采取适当的治疗措施。如胎儿仍活着（肢体有活动）并且临近分娩，应进行人工引产或剖宫产术，挽救胎儿及母畜生命，并将阴道脱出治愈。胎儿如已死亡，不管距预产期远近，均可进行人工引产或施行手术取出

胎儿。

此外，对阴道轻度脱出的孕牛注射孕酮，可能收到一定的治疗效果。为此可每日肌注孕酮50～100毫克，至分娩前10天左右停止注射。中药补中益气汤对阴道脱有较好疗效。

5. 预防

对怀孕母畜要注意饲养管理。舍饲乳牛应适当增加运动，提高全身组织的紧张性。病畜要少喂容积过大的粗饲料，给予易消化的饲料。及时防治便秘、腹泻、瘤胃臌胀等疾病，可减少此病的发生。

第二章
分娩期疾病

分娩过程是否正常，取决于产力、产道和胎儿三个因素。这三个因素是相互适应、相互影响的。如果其中任一发生异常，不能适应胎儿的排出，就会使分娩过程受阻，造成难产，同时亦可能使子宫及产道受到损伤，这些都属于分娩期疾病。本章仅介绍难产，子宫及产道的损伤留在产后期疾病中阐述。

难产是牛和羊常见的产科病。顺产和刚开始的某些难产在一定条件下是可以互相转化的。外界扰乱及错误的干预，可使顺产变为难产，而本来可能发生的难产，由于进行及时的诊断和助产，则可加以防止。在难产过程中，如果处理不及时或处理不当，不但可能造成母畜及胎儿死亡，而且即使母畜存活下来，也常常发生生殖器官疾病，导致以后不育。因此，积极防止及正确处理难产，是非常重要的。

第一节　难产的检查

难产手术的效果如何，和诊断是否正确有密切关系。经过仔细检查，确定了母畜及胎儿的反常情况，并通过全面的分析和判断，才能正确决定采用何种助产方法及预后如何。还要把检查结果、预定的手术方法及其预后向畜主交代清楚，争取在手术过程中及术后取得畜主的支持、配合及信任。

1. 询问病史

遇到难产病例，特别是需要出诊时，首先必须了解病畜的情况，以便大致预测难产的情况，做好必要的准备工作。询问事项主要有以下几个方面。

（1）产期 产期如尚未到，可能是早产或流产，胎儿较小，一般容易拉出；产期如已超过，胎儿可能较大；在牛、羊有时还可能碰到胎儿干尸化，矫正拉出都较为困难。

（2）年龄及胎次 年龄幼小的母畜，常因骨盆发育不全，胎儿不易排出；初产母畜的分娩过程也较缓慢。

（3）分娩过程如何 例如不安和努责已经开始了多长时间，努责的频率及强弱如何，胎水是否已经排出，胎膜及胎儿是否露出，露出部分的情况如何。从分娩过程的长短、努责强弱、胎水是否已经排出和胎膜及胎儿已否露出进行综合分析，就可判断是否发生了难产；如产出期时间未超过正常时限、努责不强、胎水尚未排出，尤其在牛及头胎家畜，可能并未发生异常，而只是由于努责无力，子宫颈扩张不够，胎儿通过产道比较缓慢。这种现象（阵缩及努责微弱）在缺乏运动的奶牛是较常见的。但如产出期超过了正常时限、努责强烈、已见胎膜及胎水，而胎儿久不排出，则可能已发生了难产。

在牛和羊，如果阵缩及努责不强，胎盘血液循环未发生障碍，短时间内胎儿尚有存活的可能。

（4）产畜过去有何特殊病史（例如骨盆及腹部的外伤等） 过去发生过的疾病，如阴道脓肿、阴唇裂伤等，对胎儿的排出有妨碍作用。骨盆部骨质的损伤可以使骨盆狭窄，影响胎儿通过，特别在牛更是如此，如腹壁疝可使努责无力。

（5）尚需问明母畜是否经过处理、助产方法及过程如何、全身情况怎样 如果事前对病畜进行过助产，必须问明助产之前胎儿的异常是怎样的，已经死亡还是活着；助产方法如何，例如使用什么器械，用在胎儿的哪一部分，如何拉胎儿及用力多大；助产结果如何，对母体有无损伤，是否注意消毒等。助产方法不当，可能造成胎儿死亡，或加重其异常程度，并使产道水肿，增加了手术助产的困难。不注意消毒，可使子宫及软产道受到感染；操作不慎，可使子宫及产道发生损伤或破裂。这些情况可以帮助我们对手术助产的效果作出正确的预后。对预后不良的病畜（例如子宫破裂），应告知畜主并及早确定处理方法。对于产道受到严重损伤或污染者，即使痊愈，也常引起不育，对这些情况也必须加以重视。

2. 母畜的全身检查

检查母畜全身状况时，除一般全身检查项目外，还要注意母畜的精神状态及能否站立等，才能确定母畜的全身状态如何，能否经受住复杂手术。确定全身状态时，应从体温、呼吸、脉搏和精神状态等方面综合考虑。单独的脉搏加快并不一定代表预后不良，例如牛在脉搏达到每分钟120次时，仍可施行剖宫产。结膜苍白，代表有发生内出血的可能。产畜卧下时，需要检查它是不愿起立，还是已经不能站立。

另外还要检查阴门及尾根两旁的荐坐韧带后缘是否松软，向上提尾根时荐骨后端的活动程度如何，以便确定骨盆腔及阴门能否充分扩张。同时还须检查乳房是否胀满，乳头中能否挤出白色初乳，从而确定怀孕是否已经足月。

3. 胎儿及产道检查

（1）检查胎儿　胎儿的姿势、方向和位置有无反常、是否活着、体格大小和进入产道的深浅，是术前检查的最重要项目。根据胎儿、产道和母畜的全身情况，以及器械设备等条件，才能决定用哪一种方法助产。羊，只要产道不是过小，术者手臂不太粗大，都可进行检查。

检查时，手臂及母畜外阴均必须消毒。可隔着胎膜触诊胎儿的前置部分；但在大多数情况下，胎膜多已破裂，手可伸入胎膜内直接触诊，这样既摸得清楚，又能感觉出胎儿体表的滑润程度，越滑润操作越容易。

① 胎儿是否反常，可以通过触诊弄清楚胎儿的方向、位置及姿势如何，从而作出判断。有时在产道内发现两条以上的腿，这时应仔细判断是同一胎儿的前后腿，还是双胎或者畸形。前后腿可以根据腕关节和跗关节的形状及肘关节、跗关节的位置不同，作出鉴别。

② 胎儿的大小，是和产道相比来确定的，从它的大小可以确定是否容易矫正和拉出。

③ 胎儿进入产道的深浅，也可帮助确定怎样进行手术助产。如进入产道很深，不能推回，且胎儿较小，异常不严重，可先试行拉出；进入尚浅时，如有异常，则应先行矫正。

④ 对于胎儿的死活，必须细心作出鉴定，因为它对手术方法的选择起着决定性作用。

如果胎儿已经死亡，在保全母畜及产道不受损伤的情况下，对它可以采用任何措施。如果胎儿还活着，则应首先考虑挽救母子双方的方法，尽量避免用锐利器械。实在不能兼顾时，则需考虑是挽救母畜，还是胎儿。但就一般来说，挽救的对象首先应当是母畜。鉴别胎儿生死的方法如下。

正生时，可将手指塞入胎儿口内，注意有无吸吮动作，捏拉舌头，注意有无活动。也可用手指压迫眼球，注意头部有无反应。或者牵拉前肢，感觉有无回缩反应。如果头部姿势异常，无法摸到，可以触诊胸部或颈动脉，感觉有无搏动。

倒生时，可将手指伸入肛门，感觉是否收缩。也可触诊脐动脉是否搏动。肛门外面如有胎粪，则代表胎儿活力不强或已死亡。

对于反应微弱、活力不强的胎儿和濒死胎儿，必须仔细检查判定。濒死胎儿对触诊无反应，但在受到锐利器械刺激引起剧痛时，则出现活动。

检查胎儿时，发现它有任何一种活动，均代表还活着。只有胎儿全身无任何活的迹象，才能做出死亡的判定。此外，胎毛大量脱落，皮下发生气肿，触诊皮肤有捻发音，胎衣、胎水颜色污秽，并有腐败气味，都说明胎儿已经死亡。脱落的胎毛，很难完全从子宫中清除，可能导致不孕。

（2）检查产道　在检查胎儿的同时，要检查产道。应注意阴道的松软及滑润程度，子宫颈的松软及扩张程度；也要注意骨盆腔的大小以及软产道有无异常等，因为骨盆腔变形、骨瘤及软产道畸形等均会使产道狭窄，阻碍胎儿通过。

如难产为时已久，因为母畜努责及长久卧地，软产道黏膜往往发生水肿，致使产道腔狭窄，妨碍助产。难产时间不长，产道黏膜即已水肿，且表面干燥，特别是有损伤或出血，常表示事前已进行过助产。损伤有时可以摸到，流出的血液要比胎膜血管中的血液更红。产道黏膜水肿，会给助产造成很大困难，有时甚至使手臂无法伸入子宫。因此，在家畜分娩季节，应向群众广泛宣传，遇有难产应及早请兽医诊治，不要自行处理。

综上所述，治疗难产时究竟应当采用什么手术方法助产，通过检查后应正确、及时而果断地作出决定，以免延误时机，给助产工作带来更大困难，同时也造成经济上的损失。

4. 术后检查

手术助产后检查的目的，主要是判断子宫内是否还有胎儿，子宫及软产道是否受到损伤，此外还要检查母畜能否站立以及全身情况。必要时，检查后还可进行破伤风预防注射。

确定是否还有胎儿，主要用于双胎牛。多胎的乳山羊及牛产后如仍有明显努责，也须检查是否还有胎儿，另外还要注意有无子宫内翻。

第二节 手术助产的术前准备

手术前的准备包括以下事项。

1. 保定

母畜的保定方法，与手术助产顺利与否有很大关系。术者站着操作，比较方便有力，所以母畜的保定以站立为宜，并且后躯要高于前躯（一般是站在斜坡上），使胎儿向前坠入子宫，不至于阻塞于骨盆腔内，这样便于矫正及截胎。在羊，为达此目的，助手用腿夹住羊的颈部，将后腿倒提起来即可。

然而母畜难产时，往往不愿或不能站立，有时在手术中还可能突然卧地不起；如果施行硬膜外麻醉，当麻醉药物剂量不适当时，母畜也站不起来，因而常常不得不在母畜卧着的情况下操作。卧姿应为侧卧；不可使母畜伏卧，因为这样会使其腹部受到压迫，内脏将胎儿挤向盆腔，妨碍操作。确定母畜卧于哪一侧的主要原则是胎儿必须行矫正或截除的部分不要受到其自身的压迫，以免影响操作。

2. 麻醉

麻醉常常是施行手术助产不可缺少的条件，手术顺利与否，与麻醉关系密切。麻醉方法的选择，除了要考虑畜种的敏感性外，还必须考虑母畜在手术中能否站立、心脏的情况、对子宫复旧有无影响等。必要时轻度麻醉。

3. 消毒

手术助产过程中，术者的手臂和器械要多次进出产道。这时既要防止母畜的生殖道受到感染，又要保护术者本身不受感染，因而对所用器械、阴门附近、胎儿露出部分以及手臂都要按外科方法进行消毒。家畜外阴附近如有长毛，也必须剪掉。手臂消毒后，要涂上灭菌石蜡油作为润滑剂。

术者操作时，常需将一只手按在母畜臀部，以便于用力，因此可将一块在消毒药水中泡过的塑料单盖在臀部上面。如果母畜是卧着的，为了避免器械和手臂接触地面，还可在母畜臀后铺上一块塑料单。

第三节　手术助产器械及使用方法

助产器械应该具备的条件是构造简单、坚固、使用灵活方便、有多种用途或适合某项特殊用途、不易损伤母体，以及容易消毒等。

手术助产所用的有拉、推、矫正及截胎的器械，另外还有绳导等。助产往往是在现场进行，器械又需反复消毒，再加上它们都比较大，煮沸很不方便。因此，通常均用0.1%新洁尔灭、5%的煤酚皂溶液或其他强消毒药液擦洗或浸泡，然后用酒精棉球或消毒纱布擦干或开水冲净，以免消毒剂刺激产道。器械用过后必须再度彻底消毒，并且保持清洁干燥。

（1）绳导　有环状绳导和长柄绳导。

（2）拉的器械　有产科绳、产科链、产科钩、肛门钩、复钩、产科钩钳、眼钩、产科套等。

（3）推的器械　推胎儿常用的器械是产科梃或推拉挺。

（4）矫正的器械　有推拉挺、扭正挺。

（5）截胎的器械　有隐刃刀、指刀、产科刀、剥皮铲、钩刀、产科凿、产科线锯及胎儿绞断器等。

死亡胎儿如无法完整拉出，可以截胎，然后一块块地拉出来。截胎器械种类很多，其用途有切、锯、凿、分离、扯裂或绞断等。这些器械一般都是锐利的，使用时必须注意防止损伤子宫及软产道。

第四节 手术助产的基本方法

1. 用于胎儿的手术

用于胎儿的手术有牵引术（拉出术）、矫正术和截胎术。

2. 用于母体的手术

常用于母体的手术是剖腹产术和子宫捻转时的整复手术。这里仅介绍剖腹产术。

剖腹产也叫剖宫产，即切开腹壁及子宫，取出胎儿。如果无法矫正胎儿或截胎，或者它们的后果并不比剖腹产好，即可施行剖腹产术。只要母畜全身情况良好、早期进行且病例选择得当，不但可以挽救母畜的生命，保持其生产能力（如使役、泌乳、产毛、育肥等）和繁殖能力，甚至可能同时将胎儿救活。因此，剖腹产是一个重要的手术助产方法。

3. 适应证

剖腹产适用于以下几方面：

（1）骨盆发育不全（交配过早）或骨盆变形（骨软症、骨折）而盆腔过小；羊体格过小，手不能伸入产道。

（2）阴道极度肿胀狭窄，手不易伸入。

（3）子宫颈狭窄或畸形，且胎囊已经破裂，子宫颈没有继续扩张的迹象，或者子宫颈发生闭锁。

（4）子宫捻转，矫正无效。

（5）胎儿过大或水肿。

（6）胎儿的方向、位置、姿势有严重异常，无法矫正；或胎儿畸形，且截胎有困难者。

（7）子宫破裂。

（8）阵缩微弱，催产无效。

（9）干尸化胎儿很大，药物不能使其排出。

（10）怀孕期满母畜，因患其他疾病生命垂危，需剖腹抢救仔畜者。

在上述情况下，无法拉出胎儿，又无条件进行截胎，尤其在胎儿还活着时，可以考虑及时施行剖腹产。但如难产时间已久，胎儿已经腐败，引起子宫炎症及母畜全身状况不佳时，确定施行剖腹产前必须十分谨慎，以免引起腹膜炎和败血症而使母畜死亡。

4. 手术方法

牛、羊的施术方法基本相同，现介绍牛的手术方法。牛的剖腹产有腹下切开法和腹侧切开法。

（1）腹侧切开法　子宫发生破裂时，破口多靠近子宫角基部，宜行腹侧切开法，以便于缝合。在人工引产不成的牛干尸化胎儿，因子宫壁紧缩，不易从腹下切口取出，亦宜采用此法。切口部位可选用左或右腹侧，每侧的切口又可有高低不同。选择切口的原则也是在哪一侧容易摸到胎儿，就在哪一侧施术，但一般左侧常用。两侧都摸不到时，可在左侧作切口。以左腹侧切口为例，介绍它和腹下切口法不同之处，相同的地方则从略。

① 保定：需站立保定，这样才能将一部分子宫壁拉到腹壁切口之外。但应防止牛在手术过程中卧下。不可侧卧保定，否则因为胎儿重量的关系，暴露子宫壁会遇到很大困难。

如果无法使牛站立，可以使它伏卧于较高的地方，把左后肢拉向后下方。这样便于将子宫壁拉向腹壁切口。

② 麻醉：可行腰旁神经干传导麻醉，或肌注盐酸二甲苯胺噻唑并施行局部浸润麻醉。也可只采用局部浸润麻醉。

a. 切开腹壁：切口长度约 35 厘米，切口做在髋结节与脐部之间的连线上或稍前方。整个切口宜稍低一些，因为这样容易暴露子宫壁，但是切口的下端必须与乳静脉有一定的距离。切开皮肤和皮肌，按肌纤维方向依次切开腹外斜肌、腹内斜肌、腹横肌腱膜和腹膜，以便于缝合及愈合；但这样切口的实际长度往往大为缩小，不利于暴露子宫。因此可将腹外斜肌按皮肤切口方向切开，其他腹肌按纤维方向分开。

b.暴露子宫：如瘤胃妨碍操作，助手可用大块纱布将它向前推，术者隔着子宫壁握住胎儿的某一部分向切口拉，即能将子宫角大弯暴露出来。

c.沿子宫角大弯，避开子叶，作一与腹壁切口等长的切口。切口不可过小，以免拉出胎儿时被撑破，不易缝合。也不可作在侧面，尤其不得作在小弯上，这些地方的血管粗大，引起的出血较多。

胎儿活着或子宫捻转时，切口出血很多，必须边切边用止血钳止血，不要一刀把长度切够。

d.将子宫切口附近的胎膜剥离一部分，拉出于切口之外，然后再切开，这样可以防止胎水流入腹腔。慢慢拉出胎儿，交助手处理。如果胎儿还活着，拉出速度则不宜过慢，防止胎儿吸入胎水引起窒息。拉出的胎儿首先要清除口鼻内的黏液。如果发生窒息，先不要断脐，一方面用手捋脐带，使胎盘中的血液流入胎儿体内，同时按压胎儿胸部，待呼吸出现后再断脐。拉出胎儿后，必须注意防止子宫切口缩回，胎水流入腹腔；特别是污染的胎水流入腹腔，是手术后果不良的一个重要原因。如果胎儿已死，拉出时有困难，可先将其造成障碍的部分截除。

e.尽可能把胎衣完全剥离拿出，子宫颈闭锁时尤应这样，但也不要硬剥。胎儿活着时，胎儿胎盘和母体胎盘粘连紧密，勉强剥离会引起出血。此时可在子宫腔内注入10%的氯化钠溶液，停留1～2分钟，这样有利于胎衣的剥离。如果剥离很困难，可以不剥，术后注射子宫收缩药，让它自行排出。

f.将子宫内液体充分蘸干，均匀撒布四环素族抗生素 2 克或使用其他抗生素或磺胺类药，更换填塞纱布。

g.用丝线或肠线、无刃针及连续缝合法先把子宫浆膜和肌肉层的切口缝合一道，再用胃肠缝合法缝第二道（针不可穿透黏膜），使子宫切口向内翻。

用温的无刺激性淡消毒溶液或加入青霉素的温生理盐水将暴露的子宫表面冲洗（冲洗液不可流入腹腔）、蘸干并充分涂以抗生素软膏后，放回腹腔。

h.缝合腹壁：先用丝线及连续缝合法缝合腹横肌腱膜和腹膜上的切口；如果两层腹斜肌是按肌纤维方向切开的，可分层用连续缝合法缝起来。如腹外斜肌是横断的，这时助手可将切口的两边向一起压迫，术者用褥缝合法把腹外、腹内斜肌上的切口同时缝起来。缝完之前，用细橡胶管在腹腔内注入大剂量水剂青霉素或磺胺制剂等抗菌药物。皮肤切口用丝线及结节缝合法缝合，并涂以消炎防腐软膏。

（2）腹下切开法　可供选择的切口部位有五处，即乳房前中线、中线与右乳静脉之间、乳房和右乳静脉的右侧 5～8 厘米、中线与左乳静脉之间以及乳房和左乳静脉的左侧 5～8 厘米处。现较少采用。

术后护理及治疗：按一般腹腔手术常规进行。如切口愈合良好，10 天后拆线。

（3）腹下切开法与腹侧切开法的比较　腹下切开法的优点是子宫角和胎儿是沉于腹底的，在侧卧保定的情况下，很容易把子宫壁的一部分拖出腹壁切口外，切开子宫不会使其中的液体流入腹腔，可以防止发生腹膜炎。侧卧保定也是在任何地方都能采用的保定方法。此外，它破坏的肌肉组织很少，出血也很少。缺点是如果缝合不好，可能发生疝气或脱出。切口位于腹下，容易发生肿胀及感染。有时子宫包在网膜内不易暴露。腹侧切开法的优缺点正好与此相反。

5. 并发症及防治方法

手术过程中见到的主要并发症有休克、肠道脱出、瘤胃臌气及出血，另外还有子宫壁变脆、胎儿气肿腐败分解。术后常见的并发症有腹膜炎、粘连、子宫内膜炎、腹壁疝气（腹壁切口缝合不当）及皮肤切口感染。

（1）休克　牛在手术当中有时会发生休克，原因可能由于病畜太弱或术前没有基础治疗，也可能和腹膜受到刺激、拉出胎儿后腹压急骤降低、引起血压下降和毛细血管灌注不良有关。应及时采取相应的抢救措施，但有时效果不佳。

（2）肠道脱出　牛在切口位置较低时，肠道及大网膜脱出是常见的并发症，而且脱出严重者，回送会遇到很大困难。为了防止脱出，必须作好硬膜外麻醉。从切开腹膜到缝合腹膜，助手必须一直注意防止脱出。如肠道脱出很多，无法推回，可将手深入腹腔，握住其系膜根部拉回。

（3）瘤胃臌气　这是牛的常见并发症，原因是在侧卧的情况下，气体的排出发生障碍。为了避免此病发生，手术操作应尽量快捷。如臌气严重，必须穿刺胃壁放气。

（4）出血　一般的出血可予以结扎；有时子宫捻转的病例施行剖腹产或矫正以后，子宫黏膜上不断有血液渗出，这时必须持续给以止血药，至不再出血为止。

（5）子宫壁变脆　这不是手术本身引起的并发症，而是难产历时较久的病例时常发生的一种现象，可能和子宫壁水肿有关。这种子宫壁容易撕裂，触动及拉出子宫壁时须特别小心。缝合子宫切口时，为了避免把组织拉豁，浆膜肌肉层切口的第一道缝合也须用胃肠缝法，下针处要距切口边缘稍远一些。这样在抽紧缝线时，两侧切口边缘均向内翻，彼此靠拢，即不至撕破组织。

（6）胎儿气肿腐败分解　经常见于难产发生已久的病例。腐败气肿的胎儿外形丰满，触诊皮下有捻发音，被毛脱落。胎儿及胎衣的腐败分解产物可能使子宫受到感染，施行手术则会使炎症扩散；此外还因子宫膨胀成为圆形，不易将子宫壁的一部分拉出腹壁切口外作切口，子宫内容物极易流入腹腔，引起腹膜炎，危害母畜的生命。因此，这种病例应尽可能施行截胎或矫正术。如迫不得已必须施行剖腹产术，则须将腹壁切口开得稍大一些，并在子宫与腹壁切口之间填塞塑料布，严密防止子宫内容物进入腹腔，术后并应给予大量抗生素和磺胺类药。

（7）腹膜炎　包括严重的弥散性腹膜炎及局限性腹膜炎。弥散性腹膜炎常是母畜死亡的直接原因，因此手术中必须十分注意防止子宫内容物流入腹腔。术后腹腔内必须注入大剂量抗生素，并同时肌注广谱抗生素。也可静注磺胺类药物。局限性腹膜炎常引起局部粘连，例如子宫及腹膜切口常和附近组织发生粘连。子宫上的大面积粘连可能造成不育。

（8）子宫内膜炎　这是导致术后不育的最主要原因，如不彻底治愈，即使受孕，也可能在怀孕过程中复发，造成流产。因此，术后须在子宫内持续使用大剂量广谱抗生素。

第五节　手术助产的基本原则

除了重视以上各项基本方法中提到的注意事项外，为了保证手术助产的效果，还必须遵守以下原则。

助产手术要争取时间早做，越早效果越好，剖腹产尤其如此。否则，胎儿已经楔入盆腔，子宫壁紧裹着胎儿，胎水完全流失以及产道水肿等，都会妨碍推回、矫正及拉出胎儿，也会妨碍截胎。而且拖延久了，胎儿死亡，发生腐败，母畜的生命也可能受到危害；即使母畜术后存活下来，也常因生殖道发生炎症导致以后不能受孕。

术前检查必须周密。根据检查结果，并结合设备条件，慎重考虑手术方案、先后顺序（如果可能使用一个以上的方法）以及相应的保定、麻醉等。只有这样，才能作出正确判断；否则，慌忙下手，中途周折，使母畜遭受多余的刺激，并危害胎儿的生命，甚至弄得进退两难，既无法再进行矫正或截胎，又贻误了剖腹产的时机，结果母畜和胎儿都受到伤害。

手术助产的目的是既要争取达到母子双全，在有些优良品种及适龄繁殖母畜还要注意保全母畜以后的生育能力。为此，在操作紧张的情况下，不可忽视消毒工作，并需重视使用润滑剂，尽可能防止生殖道受到刺激和感染；术后还要在子宫内放入抗菌药物。

要重视发挥集体的力量。手术助产时，子宫内空隙十分狭小，子宫壁又强烈收缩，压迫手臂；手指的动作也很单调，胎衣又常侵入手指之间，阻碍屈伸；同时，术者通常都不能采取自然站立姿势，操作常很费力。因此，除了在施术时防止作无目的地试探及蛮干，以免消耗体力外，平时还必须注意利用难产的机会，培养预备人员，以便通过集体的力量，使手术取得更好的效果。

如发现母畜预后不佳，必须向畜主说明可能发生

的危险，耐心征得他们的同意，才能施术。

第六节 常见的难产及手术助产方法

由于发生的原因不同，常见的难产可分为产力性、产道性和胎儿性难产三种。前两种是由母体异常引起的，后一种则是胎儿异常造成的。

上述难产并不一定单独发生，有时某一种难产可能伴有其他异常。此外，助产方法错误可使胎儿的某些异常更加复杂化。

三种难产中，胎儿性难产较为多见。而在胎儿异常之中，牛和羊的胎儿又因头颈及四肢较长，容易发生姿势异常，其中最常见的是头颈侧弯和前腿（两侧或一侧）异常。胎儿的头颈短，发生姿势异常者极少，一般均不会因为姿势如何而影响排出；此外，延期流产时因为产道及胎位、胎姿都没有为适应胎儿的排出进行准备，所以发生难产者比正常分娩时多。

难产的种类虽多，但常见的只有数种，掌握了常见难产的手术助产原则和基本方法，遇到其他难产时也容易解决。

1. 产力性难产

子宫肌和腹壁肌的收缩，是促使胎儿从子宫内排出的动力。如果这两种收缩力量发生异常，即可造成产力性难产。

（1）阵缩及努责微弱　阵缩及努责微弱是指分娩时子宫及腹壁的收缩次数少、时间短和强度不够，以致胎儿不能排出。奶牛母体方面造成的难产，约占牛难产的 7%～21%。发病率随年龄和胎次而有所增长，青年母牛为 2%，2～5 胎牛可增至 9%～10%，老龄牛增至 13%～28%。

根据在分娩过程中发生的时间不同，通常把它分为两种。分娩一开始就发生的，叫做原发性阵缩及努责微弱。开始时正常，以后由于长久排不出胎儿，子宫肌及腹肌疲劳，收缩力变弱者，称为继发性阵缩及努责微弱。

（2）病因　原发性微弱发生的原因很多。例如，怀孕末期，特别在产前孕畜内分泌平衡失调，雌激素、前列腺素分泌不足，或孕酮量过多及子宫肌对上述激素的反应减弱，或分娩时催产素分泌不足。怀孕期间营养不良、使役过度、体质乏弱、年老、运动不足、肥胖（奶牛多见）、全身性疾病（如损伤性胃炎及心包炎、瘤胃弛缓等）、布氏杆菌病、子宫内膜炎引起肌纤维变性、胎儿过大或胎水过多使子宫肌纤维过度伸张而引起子宫壁菲薄、腹壁下垂和腹壁疝气、腹膜炎以及子宫和周围脏器粘连愈着等，都可以使收缩减弱。

原发性阵缩及努责微弱引起的难产和分娩时的低血钙有关。神经激素的传递有赖于钙的存在，因此在低血钙时容易发生阵缩努责微弱。原发性阵缩努责微弱也可能与其他代谢病（低镁症、酮病）、衰竭性营养不良、毒血症有关。

（3）症状及诊断　原发性微弱根据预产时间、分娩现象及产道检查情况即可作出诊断。母畜怀孕期满，分娩预兆也已出现，但努责的次数少、时间短、力量弱，长久不能排出胎儿。饮食几乎正常。患低血钙的病牛，精神抑郁、伏卧，其特征是颈部弯曲或头向后弯至腹肋部，偶尔也有侧卧的，努责微弱或无努责。有时低血钙仅表现为阵缩努责微弱及分娩时间拖长，并不呈现瘫痪或其他症状。山羊胎儿排出的间隔时间延长；有时临床表现很不明显，没有努责，看不出已开始分娩。

产道检查，在牛发现子宫颈松软开放，但开张不全，仍可摸到子宫颈的痕迹；胎儿及胎囊尚未楔入子宫颈及骨盆腔。

诊断继发性微弱没有困难，因为在此以前已经发生了正常收缩。

（4）预后　应当谨慎。如不及时助产，阵缩努责停止，胎儿死亡之后发生腐败分解、浸溶或干尸化，有时也可能引起脓毒败血症。在大家畜虽然可以将胎儿及时拉出来，但随后容易发生子宫弛缓、胎衣不下，有时还可能发生子宫脱出；子宫的感染可能造成母畜的不孕。在羊，有时由于部分胎儿在子宫内死亡后发生腐败分解，引起败血症，山羊往往因此死亡。

（5）助产　在大家畜，可以根据分娩持续时间的长短、子宫颈扩张的大小（牛）、胎水是否排出或胎囊是否破裂（已经破裂的特征是胎囊皱缩）、胎儿死活等，确定何时及怎样进行助产。如子宫颈已松软开大，特别在胎水已经排出和胎儿死亡时，应立即施行牵引术，将胎儿拉出。拉动胎儿可增强母畜的阵缩和努责。如子宫颈尚未开大或松软，且胎囊未破，胎儿还活着，就不要急于牵引。否则胎儿的位置姿势尚未转为正常，子宫颈开张和松软不够，强行拉出会使子宫颈受到损伤。

助产可采用以下方法：

①　牵引术　牛如子宫颈开张可行牵引术，然后输液。拉出了头几个胎儿以后，其余胎儿会自行产出。

②　催产　在羊，如果手和器械触不到胎儿，可使用刺激子宫收缩的药品。但在给羊使用前，必须确知子宫颈已充分开张，胎儿的方向、位置和姿势正常，骨盆无狭窄或其他异常，否则子宫剧烈收缩可能发生破裂。

通常使用的催产药物是垂体后叶素或催产素，肌内或皮下注射，羊 10 单位（每次 5～10 单位，半小时 1 次）。用药不可过迟，因为分娩开始后 1～2 天，体内雌激素大为减少，药效即降低；为了提高子宫对药物的敏感性，必要时可注射苯甲酸雌二醇 4～8 毫克或乙底酚 8～12 毫克。

2. 产道性难产

产道性难产是由于母体的软产道及硬产道发生异常而致胎儿不能排出。软产道异常中比较常见的有子宫捻转、子宫颈狭窄，有时阴门及阴道狭窄、双子宫颈亦造成分娩困难。硬产道异常主要是骨盆狭窄，其中包括幼稚骨盆、骨盆变形等。

（1）子宫捻转　子宫捻转是整个怀孕子宫、一侧子宫角或子宫角的一部分围绕自己的纵轴发生扭转。子宫捻转多发生于临产或分娩开始时，临床上一般也大多是在母畜分娩时发现的。但这一疾病可以发生在怀孕中期以后的任何时间，所以它也是怀孕期疾病之一。

（2）病因　凡能使母畜围绕身体纵轴发生急剧转动的任何动作，都可成为子宫捻转的直接原因。怀孕末期，母畜如急剧起卧并转动身体，子宫因胎儿重量大，不随腹部转动，就可向一侧发生捻转。此病发生于临产时，可能是由于母畜疼痛起卧不安所致。

母牛发生子宫捻转的原因和子宫的解剖构造及起卧特点有密切关系。怀孕末期孕角很大，大弯显著地向前扩张，但小弯扩张不大；而子宫阔韧带仅附着于子宫颈、子宫体及子宫角基部的小弯上，它固定住的主要是孕角的后端，而前端大部分子宫不能保持固定。母牛起卧时都有一个阶段是前躯低后躯高，子宫在腹腔内呈悬垂状态；这时如果母牛急剧转动身体，胎儿因为重量很大，不随腹部转动，就可以使孕角向一侧发生捻转。由于阴道前端以后的部分是由阴道周围组织固定住的，因而捻转发生在阴道前端者较多。羊下陡坡时如急剧转动身体或从斜坡上跌下时翻滚，均可发生子宫捻转。

在分娩开口期中，胎儿转变为上位时，过度而强烈的转动也可能是引起子宫捻转的原因之一。任何使子宫活动能力增强的情况，都容易引起子宫捻转。

剖腹观察表明，在子宫捻转病例中，有80％的捻转子宫是在网膜外面，而没有捻转的子宫则只有20％在网膜外面。这说明，子宫位于网膜外面，是发生子宫捻转的另外一个因素。

饲养管理失宜和运动不足，可使子宫支持组织弛缓、腹壁肌肉松弛。如舍饲牛的子宫捻转要比放牧牛高。

此外，胎水数量减少也可能是子宫捻转的一个重要诱因。胎水数量少可使子宫在腹腔内的活动性增大，并使子宫腔的容积变小，胎儿与子宫壁紧贴在一起，从而易于引起子宫捻转。

（3）病程及预后 子宫捻转的预后，根据捻转程度、怀孕时期、是否及时发现和家畜种类而定。如捻转程度轻，子宫血管未发生绞缠阻塞，怀孕仍能继续进行，子宫则可能自动转正。个别病畜至分娩时，由于胎儿活动及阵缩，子宫可能被拧正。如捻转达到180°，子宫壁充血、出血、水肿，胎盘血液循环发生障碍，胎儿不久即会死亡。如果距离分娩尚早，子宫颈未张开，也未发生腹膜炎，胎儿在无菌的环境中可以发生干尸化，母畜也可能存活。如果子宫颈管已经开放，阴道中的细菌进入子宫，胎儿死后腐败，母畜常并发腹膜炎、败血症或脓毒血病而死亡。捻转更为严重者，子宫因血液循环停止而可能发生坏死，母畜也会死亡。产前发生的捻转，常被误诊为疝痛或其他胃肠疾病而被耽误。临产时的捻转一般容易发现，只要及时治疗，预后均较好。

（4）症状及诊断 根据怀孕时期、畜种不同以及捻转的部位和程度而定。

① 外部表现

a.产前的捻转：孕畜因子宫阔韧带伸张而有不安和阵发性腹痛。随着病程的延长和血液循环受阻，腹痛加剧，其表现包括摇尾、前蹄刨地、后腿踢腹、出汗、食欲减退或消失（腹痛停止时仍有食欲）、卧地不起或起卧打滚。病畜拱腰、努责，但不见排出胎水。腹部臌气。体温正常，但呼吸脉搏加快。反刍及瘤胃活动受到抑制，并有磨牙现象。因此可能误诊为疝痛或胃肠机能扰乱。以后随着血液循环受阻加重，腹痛剧烈，且间歇时间缩短；也可能因捻转严重、持续时间过久，引起麻痹而不再疼痛，但病情恶化。有的可能因子宫阔韧带撕裂和子宫血管破裂而表现内出血症状；有的甚至引起子宫高度充血和水肿，子宫捻转处坏死，发生腹膜炎。轻度捻转也有可能自行转正，因而病情好转。因此，凡怀孕家畜表现上述症状者，均必须进行阴道及直肠检查，以便作出正确诊断。

b.临产时的捻转：孕畜虽出现了分娩预兆、表现不安，也可能出现努责，但因软产道狭窄或拧闭，胎儿进不了产道，故努责不明显，同时胎膜亦不能露出于阴门之外。这时也必须进行阴道和直肠检查。绵羊发生子宫捻转后，有时努责和腹痛症状很不明显，仅卧地不起、精神萎靡、食欲不振或废绝，很容易与胃肠机能扰乱混淆，必须注意观察。

② 阴道及直肠检查所见　子宫发生捻转时，阴道和直肠检查均可引起家畜剧烈努责；产前的捻转且阴道壁干涩。检查所发现的情况如下。

a.子宫颈前捻转：阴道检查发现，临产时发生的捻转，只要不超过 360°，子宫颈口总是稍微开张的，并弯向一侧。达 360°时，颈管即封闭，也不弯向一侧。视诊可见于宫颈膣部呈紫红色，子宫塞红染。产前发生的捻转，阴道中的变化不明显，直肠检查才能作出确诊。

直肠检查，在耻骨前缘摸到子宫体上的捻转处如一堆软而实的物体，阔韧带从两旁向此处交叉。一侧韧带达到此处的上前方，另一侧韧带则达到其下后方；捻转如不超过 180°，下后方的韧带要比前上方的韧带紧张，子宫就向紧张这一侧捻转。达到 180°及以上时，两侧韧带均紧张，韧带内静脉怒张。

b.子宫颈后捻转：阴道检查，无论是产前或临产时的捻转，除发现阴道壁紧张外，其特点是阴道腔越向前越狭窄，而且在阴道壁的前端可发现或大或小的螺旋状皱襞；这种特征是诊断子宫捻转的主要依据，并可根据阴道腔或皱襞的走向确定捻转的方向。如将右手背平贴着阴道上壁前伸，发现如拇指转向上，是向右捻转；如拇指转向下，是向左捻转。不超过90°时，手可以自由通过；达到180°时，手仅能勉强伸入。达360°时，管腔拧闭。直肠检查，所发现的情况与上述颈前捻转相同。

除上述症状外，捻转轻的病例有时同侧的阴唇向阴门内陷入。子宫捻转严重时，一侧阴唇肿胀歪斜，肿胀阴唇所在部位一般是和子宫捻转方向相反，例如子宫向右捻转到180°时，左侧阴唇发生肿大。

（5）治疗　首先把子宫矫正，然后拉出胎儿（临产时的捻转），或矫正子宫后等待胎儿足月自然产出（产前捻转）。

① 产道矫正　这种方法仅适用于分娩过程中发生的捻转，且捻转程度小，不超过90°，手能通过子宫颈握住胎儿。矫正时母畜站立保定，并前低后高。手进入子宫后，伸到胎儿的捻转侧之下，握住胎儿的某一部分，向上向对侧翻转。在活胎儿，用手指掐两眼窝的同时，向捻转的对侧扭转，这样所引起胎动，有时可使捻转得到矫正。

② 直肠矫正　向右捻转时将右手尽可能伸至子

宫右下方，向上向左翻转，同时一个助手用肩部顶在右侧腹下向上抬，另一助手在左侧肷窝部由上向下施加压力。如果捻转程度较小，可望得到矫正。向左捻转时，操作方向相反。

③ 翻转母体　这是一种间接矫正子宫的方法，用于比较严重的捻转，有时能立即矫正成功。

翻转前，如家畜挣扎不安，可行硬膜外麻醉，或注射松肌药，使腹壁松弛。施术场地必须宽敞、平坦；病畜头下应垫以草袋。乳牛必须先将奶挤净，以免转动时乳房受伤。翻转方法有以下三种。

a. 直接翻转母体法：子宫向哪一侧捻转，使母畜卧于哪一侧。把前后肢分别捆住，并设法使后躯高于前躯。两组助手站于母畜的背侧，分别牵拉前后肢上的绳子。准备好以后，猛然同时拉前后肢，急速把母畜仰翻过去；与此同时，另一人把母畜的头部也转过去。由于转动迅速，子宫因胎儿重量的惯性，不随母体转动，而恢复正常位置。翻转如果成功，可以摸到阴道前端开大，阴道皱襞消失；无效时则无变化；如果翻转方向错误，软产道会更加狭窄。因此，每翻转一次，须经产道进行一次验证（在颈前捻转，须行直肠检查，以确定子宫壁上的皱襞是否消失，子宫阔韧带的交叉是否松开），检查是否正确有效，从而确定是否继续翻转。如果第一次未成功，可将母畜慢慢翻回原位，重新翻转。有时要经过数次，才能使子宫复原。产前很久发生的捻转，因为胎儿较小，子宫周围常有肠道包围，有时甚至由于子宫与周围组织发生粘连，翻转时子宫亦会随母体转动，不易成功。

b.产道固定胎儿翻转母体法：分娩时发生的捻转，如果手能伸入子宫，最好从产道将胎儿的一条腿弯起来抓住，这样可把它牢牢固定住，避免翻转母体时子宫随着转动，矫正就更加容易。

c.腹壁加压翻转法：可用于牛，操作方法和直接翻转母体法基本相同。但另用一长约 3 米、宽 20～25 厘米的木板，将其中部置于牛腹肋部最突出的部位上，一端着地，术者站立或蹲于着地的一端上。然后将母畜慢慢向对侧仰翻，同时另由一人翻转其头部；翻转时助手尚可从另一端帮助固定木板，防止它滑向腹部后方，不能压住子宫及胎儿。翻转后同样进行产道或直肠检查。第一次不成功，可重新翻转。腹壁加压可防止子宫及胎儿随母体转动，故效果较好。拉出胎儿后，有时发现捻转处的组织有破口或出血。因而，术后应仔细触诊产道，如有异常，应及时处理。

④ 剖腹矫正或剖腹产　应用上述方法如达不到目的，可以剖腹，在腹腔内矫正；矫正不成功则行剖腹产。

a.剖腹矫正：家畜的保定、麻醉及腹壁切开术见剖腹产。切口部位根据怀孕时期不同而定。如距分娩尚早、胎儿较小、容易转动，可在母畜站立的情况下，于腹肋中部作切口；子宫向哪一侧捻转，就在哪一侧作切口。或者胎儿在哪侧摸得最清楚，就在哪里作切口。

手伸入腹腔，首先摸到捻转处，并落实是向哪一方捻转。然后尽可能隔着子宫壁握住胎儿的某一部分，围绕孕角的纵轴向对侧转动。子宫已经转正的标志是它恢复正常位置后，捻转处消失。在颈后捻转及临产时发生的捻转，助手还可把手伸入阴道，验证产道是否已经松开。

b. 剖腹产：剖腹矫正过程中，常因胎儿很大，子宫壁水肿、粘连等，矫正无法进行，不得不将腹壁切口扩大，施行剖腹产。腹下切口延长起来要比腹肋部切口方便，因此施行剖腹矫正时，宜首先考虑选用腹下切口。捻转程度大且持续时间久的病例，常见到腹水红染，子宫壁充血、出血；在牛，这种病例在转正以后，子宫颈也常开张不大，且子宫壁变脆，拉出胎儿可能引起破裂，因此在矫正后也可考虑剖腹产。严重的子宫捻转，由于高度充血，切开子宫壁往往导致大量出血。为避免出血过多，应在切开子宫前尽可能先将子宫转正；确实无法转正者，必须随切随止血；对可见的大血管，应结扎后再切断。切开子宫后，还要注意止血，并仔细检查捻转处有无损伤、破口等。其他详见剖腹产。

c. 术后护理：产前捻转，矫正后除一般护理外，必须注意分娩过程。如因阔韧带疼痛而术后强烈努责，必须给予止痛药或行硬膜外麻醉。临产时发生的捻转，矫正子宫并拉出胎儿后，子宫黏膜常持续出血；捻转也可能导致子宫颈附近的组织及血管破裂，因而术后数天必须连续应用止血药。全身及子宫内需使用抗菌药物，有时还需腹腔注入大量抗生素，以防止发生腹膜炎及全身感染。术后不宜补给等渗液体，否则会使子宫水肿加剧。

3. 子宫颈狭窄

在牛和羊，子宫颈狭窄是软产道狭窄中比较常见的一种；半细毛羊发生的较多，主要是扩张不全。

（1）病因 子宫颈狭窄可以分为扩张不全和扩张不能两种。

牛和羊子宫颈的肌肉组织十分发达，产出胎儿前，受雌激素的作用发生浆液浸润而变软的过程，需要较长的时间；如阵缩提早而产出提前，雌激素及松弛素分泌不足，子宫颈因未充分软化，即不能迅速达到完全扩张的程度。分娩过程中，如果母畜受到惊吓或不良环境的干扰，也可使子宫颈发生痉挛性收缩，子宫颈口不易扩张。

扩张不全是还能扩大，但不充分。流产、难产时胎儿的头腿不伸入子宫颈，牛的严重子宫捻转被矫正后，子宫颈常发生扩张不全。除此之外，阵缩微弱、子宫捻转（发生在子宫颈前的）、子宫及产道因难产时间已久而复旧、胎水过多、胎儿干尸化等，都能导致子宫颈扩张不全。临床上常见分娩之前注射黄体酮引起。

扩张不能可能是由于过去分娩时宫颈发生裂伤或产后宫颈发生慢性感染，形成了瘢痕、愈着或结缔组织增生所引起。这时宫颈组织失去弹性，仅能开一小口，不能扩大。这种情况很少见，仅偶尔发生于经产的老牛。

（2）症状及诊断　母畜具备了分娩的全部预兆，阵缩努责也正常，但长久不见胎儿排出，有时也不见胎水及胎膜。产道检查发现阴道柔软而有弹性，但子宫颈与阴道之间有明显的界线。根据子宫颈管狭窄的程度不同，可将它分为四种类型：一度狭窄是胎儿的两前腿及头在拉出时尚能勉强通过；二度狭窄是两前腿及颜面部能进入管中，但头不能通过，硬拉即导致子宫颈破裂；三度狭窄是仅两前蹄能伸入管中；四度狭窄是子宫颈仅开一小口。

在扩张不全，常见的是一度及二度狭窄，子宫颈组织虽然松弛不够，但还不硬，没有病理变化。在扩张不能，子宫颈变粗而硬、粗细不匀、无弹性，呈三度或四度狭窄；有时努责强烈，可引起阴道脱出。在分娩为时已久且努责强烈的情况下，胎儿死亡。

牛、羊由于阵缩微弱、子宫捻转、产道复旧及胎儿干尸化而导致子宫颈开张不全者比较常见，必须与原发性子宫颈狭窄进行鉴别诊断；通过直肠检查（牛）及阴道检查，可以作出确诊。

（3）预后　子宫颈能够扩张的程度越大，预后越好。在子宫颈扩张不全的病例，只要手能顺利伸入子宫，缚住胎儿，胎儿没有异常，也不过大，尤其在倒生时，预后多良好，慢慢可将胎儿拉出。如果狭窄只限于子宫颈膣部，剧烈努责可使它略微破裂而完成分娩过程；如果破口在宫颈的上、侧方，且未穿孔，胎儿娩出后可随着子宫的收缩而愈合；但子宫颈损伤可能形成大的瘢痕组织，使下次分娩受到影响。子宫颈扩张不能的病例，预后要慎重。子宫颈由于病理变化而很狭小，不能扩张，阵缩努责强烈时不仅会造成胎儿死亡，而且还可能引起阴道脱出或子宫破裂，使母畜死亡。由于复旧而子宫颈缩小者，人工扩张是极端困难的。

（4）治疗及助产　牛的扩张不全（尤其是头胎），如阵缩努责不强，胎囊未破，且胎儿还活着，宜稍等待，使子宫颈尽可能扩大，越大越容易拉出。过早拉出会使胎儿或子宫颈受到损伤。但在此期间应密切注意阵缩努责的强弱、子宫颈扩张的程度、胎囊是否破裂等，确定如何助产。子宫颈还封闭未开时，也必须等待。

为了促进子宫颈扩张，胎囊未破前，可以注射己烯雌酚（牛 40～60 毫克），然后再注射催产药及葡萄糖酸钙，以增强子宫的收缩力，帮助扩张。当胎囊及胎儿的一部分已进入子宫颈管时，应向子宫颈管内涂以润滑剂，再慢慢牵引胎儿。

在牛和羊，为了使子宫颈开大，可试用机械性

（用手及器械）扩张等方法，如效果不佳。有的报道在子宫颈周围注射 2% 普鲁卡因约 40 毫升，10 分钟后子宫颈可以开大，但此法尚需进行验证。切开子宫颈的方法常引起大出血，不宜采用。

助产方法可根据子宫颈开张的程度、胎囊破裂与否及胎儿的死活等，选用牵引术、剖腹产及截胎术等。

4. 阴门及阴道狭窄

阴门及阴道狭窄可以发生在各种家畜，常见于头胎。

（1）病因　导致阴门及阴道狭窄的原因可能有以下几种：

① 幼稚性的狭窄，见于配种过早，狭窄部位主要是在阴道与前庭交界处。这种情况也常见于正常的头胎牛。因为阴道与前庭交界处组织的质地本来较实，弹性较小，分娩时如软组织浸润不足，不够松软，即不能充分扩张。在幼稚性狭窄或配种过早时，由于外生殖器官尚未发育完全，不能充分扩张。有些阴门狭窄则是先天性的。有时，产道后部发育不全、处女膜过度发育和坚硬，也可引起前庭部分狭窄。据报道，这种狭窄与饲养不良、缺乏维生素和矿物质有一定关系。

② 胎水的持续压迫对软产道的逐步扩张起着重要作用，因而胎膜囊过早破裂，可以影响阴门及阴道

扩大。

③ 分娩过程延滞、母畜躺卧过久，或者助产时手在阴道中操作时间过长，均可使产道黏膜发生水肿，引起继发性阴道狭窄，严重者甚至手不能伸入。

④ 阴门及阴道过去的损伤及感染如导致慢性炎症，形成瘢痕收缩和纤维增生者，可以造成狭窄。此外，阴道壁肿瘤及脓肿也可引起阴道狭窄。

（2）症状及诊断 在阵缩正常的情况下，胎儿长久排不出来，才引起人的注意。

检查阴门及阴道可以发现狭窄的部位及发生狭窄的原因。狭窄的部位比阴道腔的其他部分窄小得多。在狭窄处之前，可以摸到胎儿的前置部分。助产如不及时，胎儿即死亡，甚至发生腐败气肿。

阴门狭窄者，阵缩时胎儿的前置部分或者一部分胎膜出现在阴门处；正生时头可以顶在会阴壁上，会阴突出很大。阵缩间歇期间，会阴部又恢复原状。如果努责强烈，会阴可能破裂。

（3）助产 轻度狭窄、阴门及阴道还能扩张者，应在阴道内及胎头上充分涂以润滑剂，缓慢、耐心地牵拉胎儿。胎儿通过阴门时，助手必须用手将阴唇上部向胎头耳后推，这样可以帮助通过，且可避免阴唇撕裂。拉出过程中，如发现阴唇破裂是不可避免的，可行阴门切开术，在阴唇上角旁作一向上向外的切口；如扩张得还不够大，可在另侧再作一相同的切口，术后将黏膜及皮肤上的切口分别加以缝合。

拉出胎儿时，偶尔阴道后端的下壁可能发生破裂，阴道黏膜下的脂肪组织突入阴道腔内，甚至在拉胎儿的过程中被拉出一部分来。术后必须在局部麻醉下对阴道破口仔细进行缝合。

如不可能通过产道拉出胎儿，或者这样助产对母畜有生命危险，应及时进行剖腹产。产道中如果有肿瘤，可先行摘除再拉胎儿。胎儿已经死亡时，可行截胎术。

5. 骨盆狭窄

分娩过程中，软产道及胎儿的大小均正常，只是因骨盆显然较小和形态异常、妨碍胎儿排出者，统称为骨盆狭窄，同时也可叫做胎儿相对过大。

（1）病因　通常遇到的骨盆狭窄，有先天性的、生理性的及获得性的三种。骨盆发育不良，或发生畸形者，称为先天性骨盆狭窄。

牛、羊未达到体成熟即过早交配，到分娩时骨盆尚未发育完全；有时虽然已达体成熟，但在饲养管理太差、发育受到严重影响时，骨盆也发育不良，这样造成的狭窄为生理性的。

由于骨盆骨折或裂缝引起骨膜增生，骨质突入骨盆腔内，以及骨软症（多见于猪）所引起的骨盆腔变形、狭小，是获得性的。

（2）症状及诊断　骨盆狭窄家畜的分娩过程很不一致。如果狭窄不严重，胎儿较小，同时阵缩努责强烈，分娩过程可能正常，否则即导致难产。

在生理性狭窄，骨盆发育不全时，虽胎水已经排出，阵缩努责也强烈，但排不出胎儿。阴道检查发现，软产道及胎儿均无异常；进一步再触诊胎儿及骨盆的大小，并考虑母畜的年龄，就可作出诊断，同时和头胎母畜的阵缩微弱也容易区别开来。

在获得性的骨盆狭窄，可发现骨折处的骨瘤、骨质增生及骨盆变形等。

（3）预后　及时助产，尚可挽救胎儿，母畜的生命预后也良好。助产不及时，胎儿往往发生死亡。

生理性狭窄，如果不是过分狭窄，预后较佳。

（4）助产　对于生理性骨盆狭窄，可先在产道内灌注润滑剂，然后配合母畜的努责试行拉出，方法可参照胎儿过大的拉出法。但如母畜年幼，牵拉用力不可太大、太猛，以免损伤荐髂关节。当拉出可能遇到困难或者由于骨瘤、骨质增生或软骨病而骨盆发生变形狭窄，强行拉出胎儿有损伤子宫壁的危险时，宜考虑及早采用剖腹产或截胎术。

6.胎儿性难产

胎儿性难产主要是由胎儿的姿势、位置和方向异常所引起的。有时胎儿和骨盆的大小不相适应，例如胎儿过大、胎儿畸形或两个胎儿同时楔入产道等，亦可引起难产。牛、羊的难产主要是由于胎儿异常所造成的。

第三章
产后期疾病

在分娩、助产及产后过程中，生殖器官可能受到损伤感染，或者由于母畜不能适应分娩的剧烈变化，导致产后生理过程扰乱，因而易于发生各种产后期疾病。这些疾病若不及时治疗，往往使以后的生育力降低或者丧失，甚至引起死亡。乳牛发生的产后期疾病最多，造成的损失很大。对于这些疾病，必须根据发病原因，注意防治。

第一节　胎衣不下

母畜分娩后胎衣在正常时限内不排出，就叫胎衣不下或胎衣滞留。胎衣为胎膜的俗称。

产后排出胎衣的正常时间羊约为 4 小时（山羊较快，绵羊较慢），奶牛约为 12 小时，如超过以上时间，则表示异常。各种家畜均可发生胎衣不下，而以饲养管理不当、有生殖道疾病的舍饲乳牛多见。有的地区乳牛胎衣不下约占健康分娩牛的 8.2%，有些乳牛场甚至高达 25%～40%。在个别乳牛场，每头牛平均 4.5 胎即被淘汰，其中多数就是由于胎衣不下引起子宫内膜炎而导致不孕者。因此，本病给养牛业，尤其是乳牛业，带来极大的经济损失。

1. 病因

引起胎衣不下的原因很多，主要与产后子宫收缩无力、怀孕期间胎盘发生炎症及胎盘组织结构等有关。

（1）产后子宫收缩无力 怀孕期间，饲料单纯、缺乏矿物质及微量元素和维生素，特别是缺乏钙盐与维生素 A，孕畜消瘦、过肥、运动不足等，都可使子宫弛缓。如某乳牛场有三个厩舍，母牛的饲养条件完全相同，但两个厩舍有运动场，一个厩舍无运动场，无运动场的牛群发生胎衣不下的较多（25.9%），而且难产的发病率也较高。

胎儿过多、单胎家畜怀双胎、胎水过多及胎儿过大，使子宫过度扩张，可继发产后子宫阵缩微弱，容易发生胎衣不下。

流产、早产、难产、子宫捻转时，产出或取出胎儿以后子宫收缩力往往很弱，因而发生胎衣不下。流产或早产后容易发生胎衣不下，还与胎盘上皮未及时发生变性及雌激素不足、孕酮含量高有关；难产可使子宫肌疲劳，故产后收缩无力。

在水牛，给小牛哺乳者胎衣不下的发生率为 4.9%，不哺乳者为 22.7%。幼畜吮乳能刺激催产素释放，增强子宫收缩，促进胎衣排出。

（2）胎盘炎症　怀孕期间子宫受到感染（如布氏杆菌、沙门氏杆菌、李氏杆菌、胎儿弧菌、生殖道霉形体、霉菌、毛滴虫、弓形体或病毒等引起的感染），发生轻度子宫内膜炎及胎盘炎，导致结缔组织增生，使胎儿胎盘和母体胎盘发生粘连，流产后或产后易于发生胎衣不下。维生素 A 缺乏，可使胎盘上皮的抵抗力降低，也容易受到感染。

（3）胎盘组织构造　牛、羊胎盘属于上皮绒毛膜与结缔组织绒毛膜混合型，胎儿胎盘与母体胎盘联系比较紧密，这是胎衣不下发生较多的主要原因；胎盘少而大时，更易发生。

（4）其他因素　高温季节，可使怀孕期缩短，增加胎衣不下的发病率。孕畜失水或饮水少，产后子宫颈收缩过早，妨碍胎衣排出，也可以引起胎衣不下。乳牛的胎衣不下还可能与遗传有关。另外胎盘水肿也可引起。

2. 症状

胎衣不下分为部分不下及全部不下两种。

胎衣全部不下，即整个胎衣未排出来，胎儿胎盘的大部分仍与母体胎盘连接，仅见一部分已分离的胎衣悬吊于阴门之外。牛、羊脱露出的部分主要为尿膜绒毛膜，呈土红色，表面上有许多大小不等的胎儿子叶。

在牛，经过 1～2 天，滞留的胎衣就腐败分解，夏天腐败更快；从阴道内排出污红色恶臭液体，内含腐败的胎衣碎片，病畜卧下时排出得多。由于感染及腐败胎衣的刺激，发生急性子宫内膜炎。腐败分解产物被吸收后，出现全身症状。病畜精神不振，拱背、常常努责，体温稍高，食欲及反刍略微减少；胃肠机能扰乱，有时发生腹泻、瘤胃弛缓、积食及臌气。但一般说来，牛及绵羊的症状较轻。

胎衣部分不下，即胎衣大部分已经排出，只有一部分或个别胎儿胎盘（牛、羊）残留在子宫内，从外部不易发现。在牛，诊断的主要根据是恶露排出的时间延长，有臭味，其中含有腐烂胎衣碎片。

3. 预后

山羊可能继发脓性子宫内膜炎及败血症。牛的胎衣不下，一般预后良好，多数牛经过 1 个月左右，胎衣腐败分解，自行排尽，这和牛子宫的生理防卫能力较强有关；然而常常引起子宫内膜炎、子宫积脓等，影响以后怀孕，并经常继发乳腺炎等，成为乳牛业的严重问题。故对牛的胎衣不下应十分重视。绵羊胎衣不下，一般预后亦好。

4. 治疗

为了促使胎衣脱落，农牧区畜主往往在露出的胎衣上拴一较重的东西（如旧鞋底等），但这种方法的缺点很多。胎衣的血管及其本身扭在一起成为硬索，常将阴道底壁黏膜勒伤；也可能引起子宫内翻及脱

出，所以不宜用此法。

尽早治疗，牛胎衣不下时，应采取促进胎衣排出的措施；但是对牛还可应用防止胎衣在子宫内腐败的方法，这样即使排出胎衣的时间延迟一些，但母牛的健康及以后的受孕力一般不会受到大的影响。

治疗胎衣不下的方法很多，概括起来可以分为药物疗法和手术疗法两大类。对牛的胎衣不下，首先可采用药物治疗；无效时应用手术剥离的方法，也有人只主张采用药物疗法。

(1) 药物疗法　牛产后经过 12 小时、羊 3～4 小时，如胎衣仍不排出，即应根据情况选用下列方法进行治疗。

① 内服中药：奶牛可用奶牛排衣散、益母生化散等，1 天 1 剂，连用 2 剂。

② 促进子宫收缩：肌内或皮下注射催产素，牛 50～100 单位、羊 5～10 单位，2 小时后可重复注射 1 次。催产素需早用，牛最好在产后 12 小时内注射，超过 24～48 小时，效果不佳。此外，尚可应用麦角新碱，牛 1～2 毫克，皮下注射。

灌服羊水 300 毫升，也可引起子宫收缩，促使胎衣排出。如灌服后 2～6 小时不排出胎衣，可再灌服 1 次。羊水可在分娩时收集，放在阴凉处，防止腐败变质。如用非本身的羊水，必须保证供羊水的母牛健康无病，尤其是没有结核病及传染性流产等传染病。用羊水治疗胎衣不下，其作用与羊水中含有前列腺素及雌激素等有关。

③ 促进胎儿胎盘与母体胎盘分离：牛在子宫内注入 5％盐水 1～1.5 升，可促使胎儿胎盘缩小，与母体胎盘分离；高渗盐水还有促进子宫收缩的作用。但注入后须注意使盐水尽可能完全排出。

④ 防止胎衣腐败及子宫感染，等待胎衣排出时，可在子宫黏膜与胎衣之间放置粉剂土霉素或四环素 2～5 克，隔日 1 次，共用 2～3 次，效果良好。也可应用其他抗生素（氯霉素，青、链霉素）或磺胺类药物。子宫内治疗可同时肌内注射催产素。

如子宫颈口已缩小，可用子宫冲洗器或输精枪将液体消炎药通过直肠注入子宫，也可同时注射雌激素，雌激素能增强子宫收缩，促进子宫的血液循环，提高子宫的抵抗力；可每日或隔日注 1 次，共用 2～3 次。

（2）手术疗法　即剥离胎衣。适用于马和牛，在体格较大的羊亦可试用。

胎衣不下的病牛药物治疗无效时，可在子宫颈管尚未缩小到手不能通过以前（产后 3～4 天）进行剥离。子宫颈管收缩的速度，犏牛比乳牛快，子宫颈管内无胎衣的（胎衣全部存在于子宫内）比有胎衣的快。

剥离胎衣应注注意的原则是，容易剥离就坚持剥，否则不可强行剥离，以免损伤子宫，引起感染；尽可能将胎衣完全剥净，体温升高严重的病畜（40℃

以上），说明子宫已有炎症，应慎重剥离，以免炎症扩散，加重病情。不剥离则对这样的病例可继续采用药物疗法。

①术前准备：母畜外阴部按常规消毒。术者将手臂消毒后，先擦0.1％碘化酒精加以鞣化，使保护层不易脱落，然后涂油。术者手上如有伤口，不宜进行胎衣剥离，以免感染。操作时必须穿戴长臂乳胶手套、长筒靴及橡皮围裙，有时需带防护眼镜及口罩。

为了避免胎衣黏附在手上，妨碍操作，可在子宫内灌入生理盐水500～1000毫升。母牛努责强烈时，可在后海穴或荐尾间隙注射普鲁卡因。

②手术方法：在牛是用左手扯紧露出阴门外的胎衣，右手沿着它伸入子宫黏膜与胎膜之间，找到未分离的胎盘。剥离要有顺序，由近及远，逐个逐圈进行；先剥一个子宫角，再剥另一子宫角。辨别一个胎盘是否剥过（分离）的依据是，剥过的母体胎盘表面粗糙，与胎膜不相连；未剥过的则有胎膜盖着，因此表面光滑。剥离每个胎盘的方法是，在母体胎盘与其蒂的交界处，用拇指及食指捏住胎儿胎盘的边缘，轻轻地将它从母体胎盘上扯开一点，或者用食指将它抠开一点，再将拇指或食指逐步伸入胎儿胎盘与母体胎盘之间，将它们分开。在剥离过程中，左手要把胎衣拉紧，以便顺着它去找尚未剥离的胎盘。达到子宫角尖端时，更要这样做。为了避免剥出的部分重量过大，把尚未排出的胎衣扯断，可将已露出的胎衣剪掉

一部分。子宫角尖端的胎盘较难剥离，一方面是因为尖端的空间很小，胎盘彼此靠得较紧，妨碍操作；另一方面是手臂长度不够，难以达到。遇到这种情况时可轻拉胎衣，使子宫角尖端略微内翻，缩短距离；但剥完以后要使内翻的子宫角恢复原位。如胎盘粘连较紧，剥离困难，则不剥，因为剥不净不如不剥。

③ 术后处理：胎衣剥离完毕后，子宫内要放置抗生素等消炎药物，如露它净等；隔日1次，连用3～5次，防止子宫感染。如子宫内污染严重，也可冲洗子宫，最后将冲洗液全部导出或吸出，再直接子宫放药。

子宫有明显炎症的病畜，剥离完后不宜冲洗子宫，仅将抗菌药物放入子宫即可。另外有人认为，牛剥离完毕后不宜用消毒液冲洗，因子宫腔太大，冲洗液不易排出，可导致子宫弛缓，延迟复旧过程。

手术剥离后数天内，要注意检查病畜有无子宫炎及全身情况。一旦发现变化，要及时全身应用抗生素治疗。

胎衣不下的牛治愈后，配种可推迟1～2个发情周期，使子宫能有足够的时间恢复。

5. 预防

怀孕母畜要饲喂含钙及维生素丰富的饲料；舍饲牛要适当增加运动时间，产前1周减少精料；分娩后让母畜自己舔干仔畜身上的黏液，尽可能灌服羊水，并尽早让仔畜吮乳或挤乳。分娩后立即注射葡萄糖酸钙溶液或饮益母草、当归煎剂或水浸液，亦有防止胎衣不下的效用。如有条件，分娩后注射催产素 50 单位，或内服中药产后康、生化汤等，可降低胎衣不下的发病率。

第二节　子宫内翻及脱出

子宫角前端翻入子宫腔或阴道内，称为子宫内翻；子宫全部翻出于阴门之外，称为子宫脱出。二者为同一个病理过程，仅程度不同。牛（尤其是乳牛）多发生，羊也常发生。脱出多见于分娩之后，有时则在产后数小时之内发生；产后超过 1 天发病者极为罕见。

1. 病因

由于怀孕母畜衰老经产、营养不良（单纯喂以麸皮，钙盐缺乏等）及运动不足，使子宫弛缓无力；分娩时如阴道受到强烈刺激，产后强烈努责，腹压增高，便容易发生子宫脱出。乳牛可能和轻度生产瘫痪有关。

2. 症状

子宫内翻，在牛多发生在孕角。如程度轻，能在子宫复旧过程中自行复原，常无外部症状；子宫角尖端通过子宫颈进入阴道内时，则病畜表现轻度不安，经常努责，尾根举起，食欲及反刍减少。凡是母畜产后仍有明显努责的，都应进行检查。手伸入产道，可发现柔软圆形瘤样物；直肠检查时可发现肿大的子宫角似肠套叠，子宫阔韧带紧张。病畜卧下后，可以看到突入阴道内的内翻子宫角。持续努责时，子宫内翻即发展为子宫脱出。内翻子宫角如不能自行恢复原位；可能发生坏死及败血性子宫炎，有污红色带臭味的液体从阴道排出，全身症状明显。

子宫脱出，通常仅限于孕角（牛、羊），空角同时突出的较少。症状明显，可见到有器官从阴门内突出来，其形态依家畜种类不同而异。

牛、羊突出的子宫都较大，有时还附有尚未脱离的胎衣。如胎衣已脱离，则可看到黏膜表面上有许多暗红色的子叶（母体胎盘），并极易出血。牛的母体胎盘为圆形或长圆形，状似海绵；绵羊的为浅杯状，山羊的为圆盘状。仔细观察可以发现脱出的孕角上部一侧有空角的开口。有时脱出的子宫角分为大小不同的两个部分，大的为孕角，小的为空角，二者之间无胎盘的带状区为子宫角分岔处，每一角的末端都向内凹陷。脱出部分很长者，子宫颈（肥厚的横皱襞）也暴露在阴门处。脱出的子宫腔内可能有肠管，外部触诊及直肠检查可以摸到。脱出时间稍久，子宫黏膜即出血、水肿，呈黑红色肉冻状，并发生干裂，有血水渗出；寒冷季节常因冻伤而发生坏死。

牛、羊在子宫脱出后不久，除有拱腰、努责、不安，以及由于尿道受到压迫而排尿困难等现象外，一般不表现全身症状。但如延误治疗，脱出部分受到地面摩擦引起损伤，黏膜发生坏死，并继发腹膜炎、败血症等，即表现出全身症状。肠管进入脱出的子宫腔内时，往往有疝痛症状。如肠管系膜、卵巢系膜及子宫阔韧带有时被扯破，其中的血管也被扯断，即引起大出血，很快出现结膜苍白，战栗，脉搏变快、弱等急性贫血症状；穿刺子宫末端有血液流出。此种情况病畜死亡很快。

3. 预后

子宫内翻如能及时发现，加以整复，预后良好。否则，如不自行复原，发生套叠，则可导致不孕。

子宫脱出，无论在哪种家畜，均可因继发子宫内膜炎使以后的受孕能力受到影响，故就繁殖性能来说，预后要很谨慎。据 60 例奶牛统计，治疗后 1 年内屡配不孕者约占 60%。至于全身方面，则依畜种、脱出程度和脱出时间长短的不同，预后很不一样。牛、羊的预后较好，有时牛脱出部分太大且时间过久的，不易整复，不得不进行子宫截除术。绵羊脱出的子宫可能发生冻伤，使子宫坏死。

4. 治疗

子宫脱出必须及早施行手术整复。脱出的时间愈长，整复愈困难，所受外界刺激愈严重，康复后的不孕率亦愈高。不能整复时，须进行子宫切除术。

（1）整复法 整复脱出的子宫时，往往难于将子宫角的尖端推入阴门之内；在有肠管进入子宫腔的病例，整复更加困难。因而整复之前必须检查子宫腔中有无肠管，如有，应将它先压回至腹腔。由于脱出的子宫体积很大，而且柔软光滑，难以掌握；再者在推送过程中母畜不断努责，甚至送入一部分后，由于努责而引起重新脱出，所以整复时助手要密切配合掌握住子宫，并注意防止已送入的部分再脱出。

保定：整复顺利与否的主要关键，是能否将母畜的后躯抬高。后躯愈高，腹腔器官愈向前移，骨盆腔内的压力愈小，肠道能退回腹腔，整复时的阻力就愈小，操作起来即顺利，甚至整复速度可以很快。发生子宫脱出的病畜，常不愿或不能站立。这时可用粗绳以十字交叉法先将臀部捆紧，并将后肢拴住；把子宫洗净后，由2人将臀部抬高（前躯仍然卧于地上），这样母牛就无力努责，便于整复。羊可由1～2人将后肢倒提起来。

如果病畜体型特别大，无法把后躯抬高，也必须将其后躯尽可能垫高。如站立进行整复，必须使其后躯站于高处，而且越高才越容易整复。

清洗：如胎衣尚未脱落，必须先剥离，并将子宫放在用消毒液浸洗过的塑料布上。用温消毒液将子宫及外阴和尾根区域充分清洗干净，除去其上黏附的污物及坏死组织。黏膜上的小创伤，可涂以抑菌防腐药物；大的创伤则要进行缝合。如为侧卧保定，洗净子宫后，再在地上铺一用消毒液浸泡过的大塑料单，并在其上铺一大消毒创布，把子宫放在上面，并涂以防腐乳剂。检查子宫腔内有无肠管。

麻醉：如努责严重，可施行硬膜外麻醉或荐尾麻醉，以克服母畜的努责；在不能将后躯充分抬高的情况下，特别要麻醉确实，否则整复是很困难的。

整复：病牛侧卧保定时，用绳将母牛臀部捆好，即用杠子将臀部抬高，同时由两助手用布将子宫兜起提高，进行整复，一般很快就能把子宫整复回去。如果母牛是站立保定，助手2人用布将子宫兜起，使它与阴门等高，并将子宫摆正，然后整复。在确诊子宫腔内无肠管时，为了掌握子宫，并避免损伤子宫黏膜，也可用长条消毒布把子宫从下至上缠绕起来，由一助手将它托起；整复时一面松解缠绕的布条，一面把子宫推入产道。

整复时应先从靠近阴门的部分开始，因有时有肠管进入脱出的子宫腔内，阻塞于阴门处，阻碍整复；从这里开始，可先把肠管压回腹腔，消除障碍。操作方法是将手指并拢用手掌或者用拳头压迫靠近阴门的子宫壁（切忌用手抓子宫壁），将它向阴道内推送。推进去一部分以后，由助手在阴门外紧紧顶压固定，术者将手抽出来，再以同法将剩余部分逐步向阴门内推送，直至脱出的子宫全部送入阴道内。整复也可从下部开始，就是将拳头伸入子宫角尖端的凹陷中，将它顶住，慢慢推回阴门内；只要把尖端推进阴门后，其余部分就很容易压送进去。上述两种方法，都必须趁病畜不努责时进行，而且在努责时要把送回的部分紧紧顶压住，防止再脱出来；因此助手必须密切配合，从阴门两旁协助术者一起同时把脱出子宫向阴道内压送。如果脱出时间已久，子宫壁变硬，子宫颈亦已缩小，整复就极其困难。在这样的情况下，必须耐心操作，切忌用力过猛过大、动作粗鲁和情绪急躁，否则极易使子宫黏膜受到损伤。

脱出的子宫全部被推入阴门后，术者应将手伸入子宫，查证子宫角确已进入腹腔，恢复正常位置，并无套叠；然后放入抗生素或其他防腐抑菌药物（参看胎衣不下的治疗），并注射促进子宫收缩药物，以免再次脱出。

子宫角内翻时，家畜产后继续努责。在大家畜经过检查确定为内翻者，可用手抓住内翻部分的尖端轻轻摇晃，即可将它推回原位。但是在马，有时子宫收缩很紧，在这种情况下必须先进行硬膜外麻醉，使子宫弛缓，整复操作才比较容易。

固定：可用阴门压迫绷带法、阴门缝合法或荐尾麻醉等。两天以后母畜完全不努责时拆线。

（2）护理及预防复发　术后护理按一般常规进行。如有内出血，必须给予止血剂并输液。

整复子宫后，必须有专人负责观察；如发现母畜仍然努责，须检查是否有内翻，有则立即加以整复。

如继续强烈努责，尤其在牛，必须进行直肠检查，发生内翻者应及时整复。

（3）脱出子宫切除术 如子宫脱出时间已久，无法推回，或者有严重的损伤及坏死，整复后有引起全身感染、导致死亡的危险，可将脱出的子宫切除，以挽救母畜的生命。这一手术的预后，在牛一般是良好的。下面简述牛的脱出子宫切除法。

患牛站立保定，局部浸润麻醉或后海穴麻醉，常规消毒，在尾根上缠上绷带并将尾拴于一侧。

手术可采用以下方法：

① 在子宫角基部作一纵行切口，检查其中有无肠管及膀胱，有则先将它们推回。仔细触诊，找到两侧子宫阔韧带上的动脉，在其前部进行结扎；粗大的动脉须结扎两道；并注意不要把输尿管误认为是动脉。

② 在两侧子宫阔韧带上的动脉结扎下横断子宫及阔韧带；断端如有出血应结扎止血。断端先作全层连续缝合，再进行内翻缝合，最后将缝合好的断端送回阴道内。

术后必须注射强心剂并输液。密切观察有无内出血现象。努责剧烈者，可行硬膜外麻醉，或者在后海穴注射 2% 普鲁卡因，防止引起断端再次脱出。有时病畜可能出现神经症状，如兴奋不安、忽起忽卧；在牛可灌服酒精镇静。术后阴门内常流出少量血液，可用收敛消毒药液（如明矾等）冲洗。如无感染，断端及结扎线经过 10 天后可以自行愈合并脱落。

第三节 产后感染

分娩时及产后，母畜生殖器官发生剧烈变化；正常排出或手术取出胎儿，可能在子宫及软产道上造成许多浅表（有时较深重）的损伤；产后子宫颈开张，子宫内滞留恶露以及胎衣不下等，都给微生物的侵入和繁殖创造了条件。

引起产后感染的微生物很多，主要有链球菌、葡萄球菌、化脓棒状杆菌及大肠杆菌。微生物的来源有两个。一个是外源性的，助产时手臂、器械及母畜外阴消毒不严；产后外阴部松弛，黏膜外翻与粪尿、褥草及尾根接触；胎衣不下，阴道及子宫脱出等，都使外界微生物得以侵入。另一个是内源性的，正常就存在于阴道内的微生物，由于生殖道发生损伤而迅速繁殖；存在于其他部位的微生物，由于产后机体的抵抗力降低，也可通过淋巴管及血管进入生殖器官而产生致病作用。

产后感染的病理过程是受到侵害的部位或其邻近器官发生各种急性炎症，甚至坏死；或者感染扩散，引起全身性疾病。本节阐述产后常见的阴门炎及阴道炎、子宫内膜炎、产后败血症等，慢性生殖器官疾病详见不育。

1. 产后阴门炎及阴道炎

在正常情况下，母畜阴门及阴道黏膜紧贴在一起，将阴道腔封闭，阻止外界微生物侵入；在雌激素发挥作用时，阴道黏膜上皮细胞贮存大量糖原，在阴道杆菌作用及酵解下，糖原分解为乳酸，使阴道保持弱酸性，能抑制阴道内细菌的繁殖；因此阴道有一定的防卫能力。当这种防卫机能受到破坏，如发生损伤及机体抵抗力降低时，细菌即侵入阴道组织，引起炎症。

本病多发生于反刍家畜，也见于马，在猪则少见。

（1）病因　微生物通过上述各种途径侵入阴门及阴道组织，是发生本病的常见原因；特别是在复杂的难产，因为受到手术助产的刺激，阴门炎及阴道炎更为多见。

应当根据这些原因，采取相应的措施进行预防。

（2）症状及诊断　由于损伤及发炎程度不同，表现的症状也不完全一样。

黏膜表层受到损伤而引起的发炎，无全身症状，仅见阴门内流出黏液性或脓性分泌物，尾根及外阴周围常黏附有这种分泌物的干痂。阴道检查，可见黏膜微肿、充血或出血，鞘膜上常有分泌物黏附。

黏膜深层受到损伤时，病畜拱背，尾根举起，努责，并常作排尿动作，但每次排出的尿量不多。有时在努责后从阴门中流出污红、腥臭的稀薄液体。阴道检查送入开膣器时，病畜疼痛不安，甚至引起出血；阴道黏膜，特别是阴瓣前后的黏膜充血、肿胀、上皮缺损，有时可见到创伤、糜烂和溃疡。阴道前庭发炎者，往往在黏膜上可以见到结节、疱疹及溃疡。在全身症状方面，有时体温升高，食欲及泌乳量稍降低。

（3）预后 浅表炎症预后一般良好。严重者如能及时治疗，预后亦好。组织的严重损伤，在牛易引起子宫颈炎、子宫炎、骨盆部蜂窝织炎、尿道炎及膀胱炎。经久不愈转为慢性者，可能形成瘢痕收缩或粘连，影响以后的交配、受孕及分娩。

（4）治疗 轻症可用温防腐消毒溶液冲洗阴道，如 0.1% 高锰酸钾、0.05% 新洁尔灭或生理盐水等。阴道黏膜剧烈水肿及渗出液多时，可用 1%～2% 明矾或鞣酸溶液冲洗。对阴道深层组织的损伤，冲洗时必须防止感染扩散。冲洗后，可注入防腐抑菌的乳剂或糊剂，连续数天，直至症状消失为止。局部治疗的同时，在阴门两侧注射抗生素，效果很好。

2. 产后子宫内膜炎

产后子宫内膜炎为子宫黏膜急性发炎，如不及时治疗，炎症易于扩散，引起子宫肌炎、子宫浆膜炎，或子宫周围炎，并常转为慢性炎症，成为导致不孕的主要原因之一。

（1）病因 分娩时或产后期中，微生物可以通过上述产后感染的途径侵入，尤其是在发生难产、胎衣不下、子宫脱出、子宫复旧不全、流产（胎儿浸润）时，均易引起子宫内膜发炎。患布氏杆菌病、沙门氏杆菌病、媾疫以及其他许多侵害生殖道的传染病或寄生虫病的母畜，子宫内膜原来就存在慢性炎症，分娩后由于抵抗力降低及子宫损伤，可使病程加剧，转为急性炎症。

（2）症状及诊断　病畜有时拱背、努责，从阴门内排出少量黏性或脓性分泌物；病重者分泌物呈污红色或棕色，且带有臭味，卧下时排出的多。体温稍升高，精神沉郁，食欲及奶量明显降低，牛、羊反刍减弱或停止，并有轻度臌气。

阴道检查，变化不明显，仅子宫颈稍张开，有时见到其中有分泌物排出。直肠检查，感到子宫角比正常产后期均大，壁厚，子宫收缩反应减弱。

产后子宫内膜炎的分泌物与正常产后排出的恶露的区别是，子宫内膜炎的分泌物多为脓性，有时带有臭味，排出持续的时间超过产后期恶露的正常排出时间。产后子宫内膜炎患畜多有全身症状，但根据分娩史、阴道排出分泌物以及直肠和阴道检查结果，不难和损伤性胃炎等产后加剧并表现全身症状的疾病区别开来。

（3）预后　及时治疗，预后一般良好。牛、羊可能变为慢性过程，继发子宫积脓、子宫积水、子宫与周围组织粘连及输卵管炎等，使发情期受到扰乱，造成繁殖障碍（屡配不孕或流产）。牛有时可继发乳腺炎及跗、腕、球关节炎。

（4）治疗 主要是应用抗菌消炎药物，防止感染扩散，并促进子宫收缩，清除子宫腔内的渗出液。在牛，为了清除子宫腔内的渗出物，可以每日在子宫内放入抗生素或其他消炎药物，放入子宫内药物种类可参看"胎衣不下"的治疗。对伴有严重全身症状的病例，为了避免引起感染扩散，使病情加重，禁用冲洗疗法，只把抗生素或消炎药物放入子宫内即可；同时要全身应用抗菌药物。

为了促进子宫收缩和增强子宫防御机能，可以应用催产素、雌激素及麦角新碱。此外尚可采用适当的全身或辅助疗法。

3. 产后败血症和产后脓毒血症

产后败血症和产后脓毒血症是局部炎症感染扩散而继发的严重全身性感染疾病。产后败血症的特点是细菌进入血液并产生毒素；产后脓毒血症的特征是静脉中有血栓形成，以后血栓受到感染，化脓软化，并随血流进入其他器官和组织中，发生迁徙性脓性病灶或脓肿。有时二者同时存在。

（1）病因 本病通常是由于难产、胎儿腐败或助产不当，软产道受到创伤和感染而发生的；也可以是由严重的子宫炎、子宫颈炎及阴道阴门炎引起的。胎衣不下、子宫脱出、子宫复旧不全以及严重的脓性坏死性乳腺炎有时也可继发此病。

病原菌通常是溶血性链球菌、葡萄球菌、化脓棒状杆菌等，而且常为混合感染。分娩时发生的创伤、生殖道黏膜淋巴管的破裂，为细菌侵入打开了门户；同时分娩后母畜抵抗力降低也是发病的必要条件。因此，脓毒血病并不一定完全是由生殖器官的脓性炎症引起的，有时也可能是由其他器官的原有化脓过程在产后加剧而并发此病。

（2）症状及病程　产后败血症的病程及转归，在各种家畜有很大的差异。马、驴的败血症大多数是急性的，通常在产后1天左右发病，如不及时治疗，病畜往往经过2～3天死亡。牛的急性病例较少，亚急性居多。亚急性病例得到及时治疗，一般均可痊愈，但常遗留慢性子宫疾病或其他实质器官疾病。在急性病例，如果延误治疗，病牛也可在发病2～4天内死亡。羊的大多为急性。产后败血症，发病初期体温突然上升至40～41℃，触诊四肢末端及两耳感冷。临近死亡时，体温急剧下降，且常发生痉挛。整个病程中保持稽留热型体温曲线是败血症的一种特征症状。

体温升高的同时，病畜精神极度沉郁。病牛常卧下、呻吟、头颈弯于一侧，呈半昏迷状态，反射迟钝，食欲废绝，反刍停止，但喜饮水。泌乳量骤减，2～3天后完全停止泌乳。眼结膜充血，且微带黄色，病的后期结膜发绀，有时可见小点出血。脉搏微弱，每分钟可达90～120次；呼吸浅快。

病畜往往表现腹膜炎的症状，腹壁收缩，触诊敏感。随着疾病的发展，病畜常出现腹泻，粪中带血，且有腥臭味；有时则发生便秘。由于脱水，眼球凹陷，表现高度衰竭。

往往从阴道内流出少量带有恶臭的污红色或褐色液体，内含组织碎片。阴道检查时，母畜疼痛不安，黏膜干燥、肿胀、呈污红色。如果见到创伤，其表面多覆盖有一层灰黄色分泌物或薄膜。直肠检查可发现子宫复旧不全、弛缓、壁厚。

产后脓毒血病，其临床症状表现常不一致，但也都是突然发生的；在开始发病及病原物转移到新的部位，引起急性化脓性炎症时，体温升高 $1\sim1.5℃$；待脓肿形成或化脓性炎症灶局限化后，体温又下降，甚至恢复正常。过一段时间；再发生新的转移时，体温又上升。

所以在整个患病过程中，体温呈现时高时低的弛张热型曲线。脉搏常快而弱，牛每分钟可达 90 次以上；随着体温的高低，脉搏也发生变化，但两者之间没有明显的相关性。

在开始发病及形成新的病灶时，病畜精神沉郁，食欲减少或废绝，泌乳急剧减少或停止。

大多数病畜四肢关节、腱鞘、肺脏、肝脏及乳房发生迁徙性脓肿。四肢关节发生脓肿时，病畜出现跛行，起卧运步均困难。受害的关节主要为跗关节，出现肿胀，触诊患部发热，且有疼痛表现。如肺中发生转移性病灶，则呼吸加深，常有咳嗽，听诊有啰音，肺泡呼吸音增强；病畜常发出喘气的声音，似有痛苦。病理过程波及肾脏者，尿量减少，且出现蛋白尿。转移到乳房时，表现乳腺炎的症状。

牛的产后脓毒血病大多数拖延时间很久，对病畜的健康及以后的生育能力有很大的影响。有的可能死亡，因此预后要谨慎。其他家畜的预后则可疑。

（3）治疗 治疗原则是处理病灶，消灭侵入体内的病原微生物和增强机体的抵抗力。因为本病的病程发展急剧，所以治疗必须及时。

对生殖道的病灶，可按子宫内膜炎及阴道炎治疗处理，但绝对禁止冲洗子宫，并需尽量减少对子宫和阴道的刺激，以免炎症扩散，使病情恶化。为了促进子宫内聚集的渗出物排出，可以使用雌激素和子宫收缩剂。

为了消灭侵入体内的病原菌，要及时全身应用抗生素及磺胺类药物；抗生素的用量要比常规剂量大，并连续使用，直至体温降至正常 2～3 天后为止。可以肌内注射青、链霉素，或静脉注射庆大霉素、四环素。磺胺类药物中以选用磺胺二甲基嘧啶及磺胺嘧啶较为适宜。

为了增强机体的抵抗力，促进血液中有毒物质排出和维持组织所必需的水分，可静脉注射含糖盐水；补液时添加 5％碳酸氢钠溶液及维生素 C，可以防止酸中毒及补充所需要的维生素；也可以同时肌注复合维生素 B。

另外，根据病情还可以应用强心剂、子宫收缩剂等。

注射钙剂作为败血症的辅助疗法，有一定作用，可以改善病畜的全身状况，增进心脏活动。为此可静注 10％氯化钙 150 毫升或 10％葡萄糖酸钙。钙剂对心脏作用强烈，注射时必须尽量缓慢，否则可能引起休克、心跳骤然停止而死亡。在病情严重、心脏极度衰弱的病畜，尤应注意或不用。

因为产后败血症病情严重，进展急速，在治疗的同时必须精心护理，改善饲养条件，给予营养丰富且易消化的饲料，充分供应饮水；在寒冷季节，尚应注意保温。

第四节　生产瘫痪

生产瘫痪亦称乳热症，是母畜分娩前后突然发生的一种严重代谢疾病。其特征是由于缺钙而知觉丧失及四肢瘫痪。生产瘫痪主要发生于饲养良好的高产奶牛，而且出现于产奶量最高之时，因此大多数发生于第 3 至第 6 胎（5～9 岁），但第 2 至第 11 胎也有发生；初产母牛则几乎不发生此病。

此病大多数发生在顺产后的头 3 天内（多发生在产后 12～48 小时）；少数则在分娩过程中或分娩前数

小时发病。分娩后数周或怀孕末期发病的虽有报道，但极少见。本病为散发，然而个别牧场的发病率可高达25％～30％。治愈的母牛下次分娩可以再次发病；某些品种的母牛（例如娟珊牛）或在某些牧场，本病的复发率特别高，个别母牛每次分娩后都可能发生此病。奶山羊的生产瘫痪也多见于第2至第5胎产奶最高期间。

1. 病因

虽然生产瘫痪发生的机理尚未彻底弄清楚，但现在对引起本病的直接原因，主要是由于分娩前后血钙浓度剧烈降低，已无异议。

所有母牛产犊后血钙水平虽然普遍都会降低，但患病母牛的下降更为显著。根据测定，产后健康牛的血钙浓度为8.6～11.1毫克，平均为10毫克左右；病牛则下降至3.0～7.76毫克，同时血磷及血镁含量也减少。目前认为，促使血钙降低的因素有下列几种，生产瘫痪的发生可能是其中一种（单独）或几种因素共同作用的结果。

分娩前后大量血钙进入初乳且动用骨钙的能力降低，是引起血钙浓度急剧下降的主要原因。实验证明，干奶期中母牛甲状旁腺的机能减退，分泌的甲状旁腺激素减少，因而动用骨钙的能力降低；怀孕末期不变更饲料配合，特别是饲喂高钙日粮的母牛，血液中的钙浓度增高，刺激甲状腺分泌大量降钙素，同时亦使甲状旁腺的机能受到抑制，导致动用骨钙的能力更加降低。因此，分娩后大量血钙进入初乳时，血液中流失的钙不能迅速得到补充，致使血钙急剧下降而发病。

在分娩过程中，大脑皮质过度兴奋，其后即转为抑制状态。分娩后腹内压突然下降、腹腔的器官被动性充血，以及血液大量进入乳房，引起暂时性的脑贫血，因之使大脑皮质抑制程度加深，从而影响甲状旁腺，使其分泌激素的机能减退，以致不能维持体内的平衡。另外，怀孕后半期由于胎儿发育的消耗和骨骼吸收能力的减弱，骨骼中贮存的钙量大为减少。因此即使甲状旁腺的机能受到的影响不大，而骨骼中能被动用的钙已不多，不能补偿产后的大量丧失。

分娩前后从肠道吸收的钙量减少，也是引起血钙降低的原因之一。怀孕末期胎儿迅速增大，胎水增多，怀孕子宫占据腹腔大部分空间，挤压胃肠器官，影响其活动，降低消化机能，致使从肠道吸收的钙量显著减少。分娩时雌激素水平增高，也对消化和食欲发生影响，而使从消化道吸收的钙量减少。

2. 症状

牛发生生产瘫痪时，表现的症状不尽相同，有典型与轻型（非典型）两种。

典型症状，发展很快，从开始发病至典型症状表现出来，整个过程不超过 12 小时。病初通常是食欲减退或废绝，反刍、瘤胃蠕动及排粪、排尿停止，泌乳量降低；精神沉郁，表现轻度不安；不愿走动，后肢交替踏脚，后躯摇摆，好似站立不稳，四肢（有时是身体其他部分）肌肉震颤。有些病例，与以上抑制症状相反，开始时表现的短暂不安是出现惊慌、哞叫、目光凝视等兴奋和敏感症状；头部及四肢肌肉痉挛，不能保持平衡。所有病例开始时鼻镜即变干燥，四肢及身体末端发凉，皮温降低，但有时可能出汗。呼吸变慢，体温正常或稍低，脉搏则无明显变化。这些初期症状持续时间不长，特别是表现抑制状态的母牛，不容易受到注意。

初期症状发生后数小时（多为1～2小时），病畜即出现瘫痪症状；后肢开始不能站立，虽然一再挣扎，但仍站不起来。由于挣扎用力，病畜全身出汗，颈部尤多，肌肉颤抖。

不久，出现意识抑制和知觉丧失的特征症状。病牛昏睡，眼睑反射微弱或消失，瞳孔散大，对光线照射无反应，皮肤对疼痛刺激亦无反应。肛门松弛，肛门反射消失。心音减弱，速率增快，每分钟可达80～120次；脉搏微弱，勉强可以摸到；呼吸深慢，听诊有啰音；有时发生喉头及舌麻痹，舌伸出口外不能自行缩回，呼吸时出现明显的喉头呼吸声。吞咽发生障碍，因而易引起异物性肺炎。

病畜以一种特殊姿势卧地，即伏卧，四肢屈于躯干以下，头向后弯到胸部一侧。用手可将头颈拉直，但一松手，又重新弯向胸部；也可将病畜的头弯至另一侧胸部，因此可以证明，头颈弯曲并非一侧肌痉挛所致。个别母牛卧地之后出现癫痫症状，四肢伸直并抽搐。卧地时间稍久，可能出现瘤胃臌气症状。

体温降低也是生产瘫痪的特征症状之一。病初体温可能仍在正常范围内，但随着病程发展，体温逐渐下降，最低可降至 35～36℃。

病畜死前处于昏迷状态，死亡时毫无动静，有时注意不到死亡时间；少数病例死前有痉挛性挣扎。

如果本病发生在分娩过程中，则努责和阵缩停止，不能排出胎儿。轻型（非典型）病例所占的数目较多；产前及产后很久发生的生产瘫痪也多为非典型的。其症状除瘫痪外，主要特征是头颈姿势不自然，由头部至耆甲呈一轻度的"S"状弯曲。病牛精神极度沉郁，但不昏睡，食欲废绝。各种反射减弱，但不完全消失。病牛有时能勉强站立，但站立不稳，且行动困难，步态摇摆。体温一般正常或不低于 37℃。

3. 诊断

诊断生产瘫痪的主要依据是病牛为 3～6 胎的高产母牛，刚刚分娩不久（绝大多数在产后 3 天内），并出现特征的瘫痪姿势及血钙降低（一般降低到 8 毫克/毫升以下，多为降至 2～5 毫克/毫升）。如果乳房送风疗法有良好效果，更可作出确诊。

轻型的生产瘫痪必须与酮血病作出鉴别诊断。酮血病虽然有半数左右亦发生在产后数天，但在泌乳期间的任何时间都可发生，怀孕末期也可发病。酮血病患畜奶、尿及血液中的丙酮数量增多，呼出的气体有丙酮气味，这是酮血症的一种特征。另外酮血病对钙疗法，尤其是对乳房送风疗法，没有反应。

产后瘫痪与生产瘫痪的区别是除后肢不能站立以外，病牛的其他情况，如精神、食欲、体温、各种反射、粪尿等均无异常。

牛发病初期出现兴奋敏感现象的阶段，必须与脑膜炎或子宫捻转引起的腹痛进行鉴别，但随着病程进展，并不难将它们区别开来。

4. 病程及预后

牛患生产瘫痪的病程进展很快，如不及时治疗，有 $50\% \sim 60\%$ 的病畜在 $12 \sim 48$ 小时内死亡。在分娩过程中或产后不久（$6 \sim 8$ 小时）发病的母牛，病程进展更快，病情也较严重，个别的可在发病后数小时内死亡。如果治疗及时而且正确，90% 以上的病牛可以痊愈或好转。有的病例治愈后可能复发，复发者预后较差。

患生产瘫痪时，由于血钙浓度下降，导致肌肉组织的紧张性降低，同时因长时间卧地，腹压增高，有时可并发阴道脱出和子宫脱出，这样的病例疗效较差。并发酮血病的轻型生产瘫痪，对钙疗法的反应较差；应用钙剂治疗后；虽然多数病牛可以站起来，但仍继续表现酮血病的神经症状，如无意识地舔食异物、转圈和大声哞叫等，病程拖延很久。生产瘫痪也常继发异物性肺炎（特别是经口投服药物的病例）和臌气，并可因此而死亡。

对于"爬卧母牛综合征"虽然确切的病因至今仍然不明，对于这是一种独立疾病还是生产瘫痪的并发病仍有争论，但是生产瘫痪患牛由于延迟治疗而长时间躺卧（超过 4～6 小时），无疑会因血液供应障碍而引起局部（四肢）肌肉缺血性坏死。

母牛在发病初期或恢复期中由于站立不稳或挣扎起立，也常引起腿部肌肉、韧带和神经的创伤性损坏。这些情况最终都会表现出"爬卧母牛"综合征的临床特征。因此，从这方面来说，可以认为此病是生产瘫痪的并发病之一。

羊患本病的病程及预后基本同牛一样，但比牛要好的是对钙剂疗法的反应快速。

5. 治疗

静脉注射钙剂或乳房送风是治疗生产瘫痪最有效的惯用疗法，治疗越早、疗效越高。

（1）静脉注射钙剂　最常用的是硼葡萄糖酸钙溶液（制备葡萄糖酸钙溶液时，按溶液数量的 4% 加入硼酸，这样可以提高葡萄糖酸钙的溶解度和溶液的稳定性，高浓度的葡萄糖酸钙溶液对此病的疗效更好）。葡萄糖酸钙的副作用及对组织的刺激性较其他钙剂

（如氧化钙等）都小，所以也可作皮下注射。一般的剂量为静脉注射 20％～25％硼葡萄糖酸钙 500 毫升（中等体格的黑白花乳牛）。如无硼葡萄糖酸钙溶液，可改用市售的 10％葡萄糖酸钙注射液，但剂量应加大，也可按每 50 千克 1 克纯钙的剂量注射钙剂。注射硼葡萄糖酸钙的疗效一般在 80％左右。注射后 6～12 小时病牛如无反应，可重复注射；但最多不得超过 3 次，因为 3 次仍不见效证明钙疗法对此病没有作用，而且继续注射可能发生不良后果。使用钙剂的量过大或注射的速度过快，可使心率增快和节律不齐，严重时还可能引起心传导阻滞而发生死亡。因此，注射速度要慢，并密切监视心脏情况，一般注射 500 毫升溶液至少需要 10 秒的时间。对钙疗法无反应或反应不完全（包括复发），除了可能是由于诊断错误或有其他并发病外，另一主要原因是使用的钙量不足。对反应不佳或怀疑血磷和血镁也降低的病例，第二次治疗可静脉注射 25％葡萄糖溶液、15％磷酸钠溶液 200 毫升及 25％硫酸镁溶液 50～100 毫升，或用钙-磷-镁注射液 500 毫升并配合 10％葡萄糖。

羊患生产瘫痪，也可静注 10％葡萄糖酸钙 50～100 毫升（或腹腔注射）。另外可给予轻泻剂，促进积粪排出，并改进消化机能。

（2）向乳房内打入空气的乳房送风疗法　本法至今仍然是治疗牛生产瘫痪最有效和最简便的疗法，特别适用于对钙疗法反应不佳或复发的病例。其缺点是技术不熟练或消毒不严时，可引起乳腺损伤和感染。

乳房送风疗法的机理是在打入空气后，乳房内的压力随即上升，乳房的血管受到压迫，因之流入乳房的血液减少，随血流进入初乳而丧失的钙也减少，血钙水平（也包括血磷）得以增高。与此同时，全身血压也升高，可以消除脑的缺氧、缺血状态，使其调节血钙平衡的功能得以恢复。另外，向乳房打入空气后，乳腺的神经末梢受到刺激并传至大脑，可提高脑的兴奋性，解除其抑制状态。

向乳房内打入空气，需用专门的器械乳房送风器。使用之前应将送风器的金属筒消毒并在其中放置干燥消毒棉花，以便滤过空气，防止感染。没有乳房送风器时，也可利用大号连续注射器或普通打气筒，但过滤空气和防止感染比较困难。打入空气之前，使牛侧卧，挤净乳房中的积奶并消毒乳头，然后将消过毒而且在尖端涂有少许润滑剂的乳导管插入乳头管内，注入一定量抗生素，然后再打气。四个乳区内均应打满空气。打入多少空气才适宜，是以乳房皮肤紧张、乳腺基部的边缘清楚并且变厚、同时轻敲乳房呈现鼓响音作为衡量标准。应当注意，打入的空气不够，不发生效果。打入空气过量，可使腺泡破裂，发生皮下气肿。但是只要稍加注意，一般不会胀破乳房腺泡；而且即使损伤了部分腺泡，对以后的产奶量也无大影响；空气逸出以后，会逐渐移向尾根一带的皮下组织中，2周左右可以消失。

打气之后，用宽纱布条将乳头轻轻扎住，防止空气逸出。待病畜起立后，经过 1 小时，将纱布条解除。扎勒乳头不可过紧及过久，绝大多数病例在打入空气后约半小时，即能苏醒站立；治疗越早，打入的空气数量足够，效果越好。一般打入空气后 10 秒，病牛鼻镜开始变湿润；15～30 秒眼睛睁开，开始清醒，头颈姿势恢复自然状态，反射及感觉逐渐恢复，体表温度也升高。驱之起立后，立刻进食，除全身肌肉尚有颤抖及精神稍差外，其他均恢复正常。肌肉震颤虽可持续数小时之久，但最后会消失。

采用上述疗法的同时，也可采用适当的对症疗法。有严重臌气时，必须穿刺瘤胃放气。但在多数病例，不需采用辅助疗法。患此病时禁止经口投服药物，因为稍有不慎即可引起异物性肺炎。

对病畜要有专人护理，多加垫草，天冷时要注意保温。病牛侧卧的时间过长，要设法使转为伏卧或将牛翻转，防止发生褥疮及反刍时引起异物性肺炎。病畜初次起立的，仍有困难，或者站立不稳，必须注意加以扶持，避免跌倒引起骨骼及乳腺损伤。痊愈后 1～2 天内，挤出的奶量仅以够喂犊牛为度，以后才可逐渐将奶挤净。

6. 预防

许多试验研究证明，在干奶期中，最迟从产前 2 周开始，给母牛饲喂低钙高磷饲料，减少从日粮中摄取的钙量，是预防生产瘫痪的一种有效方法。这样可以激活甲状旁腺的机能，促进甲状旁腺素的分泌，从而提高吸收钙及动用骨钙的能力。为此在干奶期间，可将每头奶牛每日摄入的钙量限制在 100 克以下，增加谷物精料的数量，减少饲喂豆科植物干草及豆饼等，使摄入的钙磷比例保持在 1.5∶1 至 1∶1 之间。分娩前及以后，立即将摄入的钙量增加到每天每头 125 克以上。产后立即静脉注射葡萄糖酸钙溶液，虽然有预防本病发生的作用，但实用性不大，因为普遍注射要花费大量人力，在奶牛场中很难推广。

应用维生素 D 制剂预防生产瘫痪，曾经有人作过一些试验。比较有效的方法是分娩后立即一次肌注 10 毫克双氢速变固醇（DT_{10}）。在第一次使用钙剂治疗的同时，应用双氢速变固醇还可以减少此病的复发率。分娩前 2～8 天，一次肌注维生素 D_2（骨化醇）1000 万单位，或按每 50 千克体重 100 万单位的剂量应用，经常可以取得好的效果。如果用药后母牛未产犊，则每隔 8 天重复注射 1 次，直至产犊为止。产前 24 小时还可肌注羟基维生素 D_3（胆骨化醇）1 毫克。如未按预产期分娩，则每隔 48 小时重复应用 1 次，或者产前 3 天静注 2,5-羟基胆骨化醇（$2,5\text{-}OHD_3$）200 毫克，都可降低母牛生产瘫痪的发病率。采用这些制剂的一种限制因素是，如果不能精确确定分娩的时间，距分娩以前很久就开始用药，反而会增加发病率，而且使用时间过长或剂量过大，除了出现维生素

D制剂常有的副作用（食欲减退、胃肠活动减弱及多尿）以外，还可引起心血管系统及内脏器官钙化。

干奶期中，最迟从产前2周开始，减少富于蛋白质的饲料；促进母牛消化机能，避免发生便秘、腹泻等扰乱消化的疾病；产后不立即挤奶及产后3天内不将初乳挤净等；对于防止生产瘫痪的发生都有一定的作用。

产前4周到产后1周，每天在饲料中添加30克氧化镁，可以防止血钙降低时出现的抽搐症状。

针刺以下穴位：百会、气门、大胯、小胯。抢风、邪气、仰瓦等穴位进行电针、火针或水针治疗。与此同时，可在腰荐区域试用醋麸灸或醋酒灸等灸法。

第四章
其它产科疾病

第一节　持久黄体

怀孕黄体或周期黄体超过正常时限而仍继续保持功能者，称为持久黄体。在组织结构和对机体的生理作用方面，持久黄体与怀孕黄体或周期黄体没有区别。持久黄体同样可以分泌孕酮，抑制卵泡发育，使发情周期停止循环，因而引起不育。此病多见于母牛，而且多数是继发于某些子宫疾病；原发性的持久黄体或其他家畜患此病的比较少见。

1. 病因

舍饲时，运动不足、饲料单纯、缺乏矿物质及维生素等，都可引起黄体滞留。持久黄体容易发生于产乳量高的母牛。冬季寒冷且饲料不足，常常发生持久黄体。此病也和子宫疾病有密切关系；子宫炎、子宫积脓及积水、胎儿死亡未被排出、产后子宫复旧不全、部分胎衣滞留及子宫肿瘤等，都会使黄体不能按时消退，而成为持久黄体。

2. 症状及诊断

持久黄体的主要特征是发情周期停止循环，母畜不发情。

直肠检查可发现一侧（有时为两侧）卵巢增大。在牛，其表面有或大或小的突出黄体，可以感觉到它们的质地比卵巢实质硬。

如果母畜超过了应当发情的时间而不发情，间隔一定时间（10～14 天），经过两次以上的检查，在卵巢的同一部位触到同样的黄体，即可诊断为持久黄体。为了和怀孕黄体区别，必须仔细触诊子宫。

有持久黄体存在时，子宫可能没有变化；但有时松软下垂，稍为粗大，触诊没有收缩反应。

3. 预后

无并发病者预后良好。改进饲养管理，增加运动或放牧，减少挤奶量，可使黄体消退，发情周期恢复正常，但所需时间较长。在绝大多数病例，采用适当治疗措施之后，黄体在数天内即可消失，出现发情；但在衰老、全身健康不佳的家畜或持久黄体是因生殖器官疾病而发生的，预后应当谨慎。

4. 治疗

持久黄体可以看作是在健康不佳的情况下，防止母畜怀孕的自然保护现象。因而治疗持久黄体首先也应从改善饲养管理及利用并治疗所患疾病着手，才能收到良好效果。前列腺素 $F_{2\alpha}$ 及其合成的类似物，是疗效确实的溶黄体剂，对患畜应用之后绝大多数可望于 3～5 天内发情，有些配种后也能受孕。现将这类药品中常见的几种及其参考剂量分列于下。

① 前列腺素 $F_{2\alpha}$，牛肌注 5～10 毫克或者按每千克体重 9 微克计算用药。

② 氟前列烯醇（ICI-81008，商品名 Equimate），牛用 0.5～1 毫克。

③ 氯前列烯醇，牛用的氯前列烯醇商品名为 Estrumate，2 毫升安瓿含主药 500 微克，一次肌注 1～2 支。如有必要可隔 10～12 天再注射 1 次。

国内目前常用的前列腺素类似物为 15-甲基前列腺素 $F_{2\alpha}$，2 毫升安瓿含主药 2 毫克，牛肌注 2～3 毫克。

促卵泡激素、孕马血清（全血）、雌激素以及激光疗法、电针疗法也可用于治疗持久黄体。

第二节　卵巢囊肿

卵巢囊肿可分为卵泡囊肿和黄体囊肿两种。卵泡囊肿是由于卵泡上皮变性、卵泡壁结缔组织增生变厚、卵细胞死亡、卵泡液未被吸收或者增多而形成的。黄体囊肿是由未排卵的卵泡壁上皮细胞黄体化而形成的，因而又称为黄体化囊肿。在正常排卵之后，由于某些原因，黄体化不足，在黄体内形成空腔，腔内聚积液体而形成的一种异常状态称为囊肿黄体，它和以上两种囊肿在外形上有显著的不同，有一部分黄体组织突出于卵巢表面（牛）。囊肿黄体不一定是病理性的，因此卵巢囊肿通常是指卵泡囊肿和黄体化囊肿。

1. 病因

引起卵巢囊肿的原因，目前尚未完全研究清楚。用促黄体素及有关的制剂治疗囊肿，效果很好，可以说明囊肿和内分泌失调有关，即促黄体素分泌不足或促卵泡素分泌过多，使排卵机制和黄体的正常发育受到了扰乱。从实践来看，下列因素可能影响排卵机制。

（1）饲料中缺乏维生素 A 或含有多量的雌激素。饲喂精料过多而又缺乏运动，也容易发生卵泡囊肿，因此舍饲的高产奶牛多发，而且多见于泌乳盛期。

（2）垂体或其他激素腺体机能失调以及使用激素制剂不当，例如注射雌激素过多，可以造成囊肿。

（3）子宫内膜炎、胎衣不下及其他卵巢疾病可以引起卵巢炎，使排卵受到扰乱，因而也与囊肿的发生有关。

（4）在卵泡发育过程中，气温突然变化，会发生囊肿，乳牛在冬季比天暖时多发。

（5）在黑白花牛，本病与遗传有关。

2. 症状及诊断

患卵泡囊肿的母牛，发情表现反常，如发情周期变短，发情期延长，以至发展到严重阶段，持续表现强烈的发情行为，而成为慕雄狂。有的母牛则不发情，这种情况多见于产后60天内。

母牛慕雄狂的症状是极度不安，大声哞叫、咆哮、拒食，频繁排泄粪尿；经常追逐和爬跨其他母牛；奶产量降低，有的乳汁带苦咸味，煮沸时发生凝固。由于病牛经常处于兴奋状态，过度消耗体力，而且食欲减退，所以往往身体瘦削、被毛失去光泽。慕雄狂的病畜性情凶恶，不听使唤，并且有时攻击人畜。

患卵泡囊肿时间较长的病牛，特别是发展成为慕雄狂时，颈部肌肉逐渐发达增厚，状似公牛。荐坐韧带松弛，臀部肌肉塌陷，并且出现特征的尾根抬高，尾根与坐骨结节之间出现一个深的凹陷；阴唇肿胀、增大，阴门中常排出黏液。长期表现慕雄狂的病牛，发生骨骼严重脱钙，使它在反常爬跨期间可能发生骨盆或四肢骨折。

直肠检查可发现卵巢上有数个或一个壁紧张而有波动的囊泡，直径在牛一般均超过2厘米，大于正常卵泡，有的达到5～7厘米，甚至可达6～10厘米；有时牛的为许多小的囊肿。如囊肿的大小与正常卵泡相同，为了鉴别诊断可隔2～3天（牛）再检查1次，正常卵泡届时均会消失。给牛进行多次直肠检查，可发现囊肿交替发生和萎缩，但不排卵，囊壁比正常卵泡厚；子宫角松软，不收缩。

黄体化囊肿的主要外表症状是不发情，在牛直肠检查可发现囊肿多为一个，大小与卵泡囊肿差不多，但壁较厚而软，不那么紧张。直径同正常黄体差不多，感觉有明显的波动，触压有轻微的疼痛表现。为了与正常卵泡鉴别，需要间隔一定时间多次重复检查。黄体化囊肿存在的时间比卵泡囊肿长，如超过一个发情周期，检查的结果相同，母畜仍不发情，就可确诊。

牛患卵泡囊肿时血浆孕酮的浓度低，患黄体化囊肿时则较高；在黄体化的过程中可能进一步提高，但仍然比正常母牛的低。患牛血浆雌激素浓度变化不定，可能与正常牛的相似或较高。血浆睾酮浓度与正常发情周期的牛相似。据报道，卵巢囊肿患牛的促黄体素浓度一般都比正常牛的高，而且与血浆孕酮浓度呈负相关。

3. 预后

患病后治疗越早，预后越好。据报道，在患病后6个月以内治疗的大批病例，90％治愈受孕；而患病6～12个月时治愈率只有60％～70％。一侧单个囊肿一般都能治愈；两侧囊肿，尤其是发病时间久、囊肿数目多，治疗往往无效。母牛治愈后，下一胎分娩后复发的占20％～30％。囊肿的大小及症状表现强烈与否和治愈率无密切关系。卵巢囊肿引起子宫内膜严重变性，子宫壁萎缩和子宫积水的病例预后不佳。极少数病例不经治疗可以自行恢复；产后第一次排卵前发生的卵巢囊肿多数可以自愈。

4. 治疗

首先应当改善饲养管理及使役条件，因为这样可以使母马的单个囊肿不经治疗就自行消失；如不改善饲养管理方法，即使治愈之后，也易复发。对于舍饲的高产母牛，可以增加运动，减少挤奶量。

（1）激素疗法　应用激素治疗卵巢囊肿，主要是直接促使囊肿黄体化。现将效果比较可靠的几种疗法介绍如下。

① 促黄体素（LH）制剂：常用于治疗卵巢囊肿的外源性促黄体素是人绒毛膜促性腺激素（hCG）和羊垂体抽提物（GTH）。hCG用于牛的剂量是静脉注射5000单位或肌内注射10000单位；GTH牛100～200单位。

LH制剂治疗卵巢囊肿的治愈率平均为75%左右（65%～80%）。产生效应的病牛经常在治疗后20～30天内出现发情周期循环；因而，除非病牛持续表现强烈的慕雄狂征候，在治疗后3～4周内一般不需要重复用药。

hCG也可用于腹腔或囊肿内注射，而且用量较小（1000～2000单位），比较经济；但操作复杂，且有副作用，牛用后双胎或三胎的比例可高达1/2，并可引起胎膜和胎儿水肿、肝和肾脏变性。

LH 是蛋白质激素，给病畜重复注射可引起过敏反应；而且应用多次之后，由于产生抗体而疗效降低，使用时应当注意。

② 促性腺激素释放激素（GnRH）类似物（现有的国产制剂有 LRH-A、LRH-A3 及 LRH-Ⅱ 等）牛肌注 0.5～1.0 毫克。

GnRH 用于卵巢囊肿效果显著，治疗后产生效应的母牛大多数在 18～23 天发情。患牛的治愈率、从治疗至第一次发情的间隔时间及受胎率和应用 hCG 的效果相似；而且重复应用发生过敏反应者极少，也不会降低疗效。GnRH 还有预防作用，产后第 12～14 天给母牛注射 GnRH 可以制止卵巢囊肿的发生。

③ 孕酮：牛每次肌注 50～100 毫克，每日或隔日 1 次，连用 2～7 次，总量 200～700 毫克。

实践证明，应用外源性孕酮治疗卵巢囊肿是有效的，可使 60%～70% 的病牛恢复周期循环；但它引起囊肿消退的机理尚未完全确定。注射孕酮 2～3 次以后，见效的母牛性兴奋及慕雄狂的症状消失，经过 10～20 天恢复正常发情，而且有的可以受孕。

④ 前列腺素 $F_{2\alpha}$ 及其类似物：$PGF_{2\alpha}$ 对卵巢囊肿无直接治疗作用，而是继 GnRH 后应用可以提高效果，缩短从治疗至第一次发情的间隔时间。应用 GnRH 后第 9 天注射 $PGF_{2\alpha}$ 病畜治疗后开始发情的时间可从 18～23 缩短到平均 12 天左右。

⑤ 氟美松（地塞米松）：牛肌注 10～20 毫克。对多次应用其他激素治疗无效的病例可能收到效果。

（2）手术疗法　包括挤破（牛）或穿刺囊肿及摘除囊肿。但手术疗法可能引起卵巢及附近的组织损伤甚至粘连，但有时也可治愈。基层兽医较常用。

（3）电针疗法　据报道，应用激光和电针治疗卵巢囊肿都有一定的疗效。电针疗法采用的穴位及操作方法请参看"卵巢机能减退、不全及萎缩"的治疗。卵巢囊肿如伴有子宫疾病，应同时加以治疗，否则易于复发。

第五篇
牛羊幼畜疾病防治

第一章
新生仔畜疾病

第一节 窒 息

新生仔畜窒息又称为假死，其主要特征是刚产出的仔畜呈现呼吸障碍，或无呼吸而仅有心跳。此病常见于犊牛，马和猪也有。如不及时抢救，往往死亡。

1. 病因

分娩时产出期拖长或胎儿排出受阻，胎盘水肿、胎盘过早剥离和胎囊破裂过晚，倒生时胎儿排出缓慢和脐带受到挤压、脐带前置时受到压迫或脐带缠绕，以及子宫痉挛性收缩等，均可因胎盘血液循环减弱或停止，引起胎儿过早地呼吸，以致吸入羊水而发生窒息。

此外，分娩前母畜过度疲劳，发生贫血及大出血，患有某种严重的热性疾病或全身性疾病，使胎儿缺氧和二氧化碳量增高，也可因过早呼吸而发生窒息。

2. 症状

轻度窒息时，仔畜软弱无力，黏膜发绀，舌脱出口角外，口腔和鼻孔充满黏液。呼吸不匀，有时张口呼吸，有时呈喘气状。心跳快而弱；肺部有湿性啰音，特别是喉和气管更为明显。

严重的窒息，仔畜呈假死状态。全身松软，卧地不动，反射消失，黏膜苍白。呼吸停止，仅有微弱心跳。

3. 治疗

首先用布擦净鼻孔及口腔内的羊水。为了诱发呼吸反射，可用草秆刺激鼻腔黏膜，或用浸有氨水的棉花放在鼻孔上，或在仔畜身上泼冷水等。如仍无呼吸，可将仔畜后肢提起来抖动，并有节律地轻压胸腹部，以诱发呼吸，同时促使呼吸道内的黏液排出。在驹及犊，可吸出鼻腔及气管内的黏液及羊水，进行人工呼吸或输氧。还可使用刺激呼吸中枢的药物，如山梗菜碱或尼可刹米。

为了纠正酸中毒，可静脉注射5％碳酸氢钠50～100毫升。为了预防继发肺炎，可肌内注射抗生素。

4. 预防

应建立产房值班制度，保证母畜分娩时能及时正确地进行接产和仔畜护理。接产时应特别注意对分娩过程延滞、胎儿倒生及胎囊破裂过晚者及时进行助产。

第二节 脐 炎

脐炎是新生仔畜脐血管及周围组织的发炎。此病见于各种仔畜，但主要发生于犊和驹。

1. 病因

接产时对脐带消毒不严格、脐带受到污染及尿液浸润、小牛吸吮脐带等，均可使脐带遭受细菌感染而发炎。

2. 症状

病初脐孔周围发热、充血、肿胀、有疼痛反应。几天后有时形成脓肿，脐带残端脱落后，脐孔处形成瘘管，能挤出带臭味脓汁，仔畜有明显的全身症状。如化脓菌及其毒素沿血管侵入肝、肺、肾及其他脏器，可引起败血症或脓毒败血症。有时可继发破伤风。

3. 治疗

可在脐孔周围皮下分点注射青霉素普鲁卡因溶液，并局部涂以 5％碘酊等。如形成脓肿，及时切开，冲洗上药。为了防止全身感染，应全身用抗生素。

4. 预防

保持分娩环境卫生，在接产时不要结扎脐带，经常涂擦碘酒，防止感染。

第三节　新生犊牛抽搐

本病多发生于 2～7 日龄的犊牛。特征为发病突然，表现强直性痉挛，继之出现惊厥和知觉消失；病程短，死亡率高。

1.病因

病因不详，有人认为是胚胎期间母体矿物质不足，由急性钙、镁缺乏引起的。也有人认为是镁代谢紊乱引起的。

2.症状

犊牛突然发病，多站立，颈伸直，呈强直性痉挛。口不断空嚼，唇边有白色泡沫，并由口角流出大量带泡沫的涎水。继则眼球震颤，牙关紧闭，呈全身性痉挛，角弓反张，随即死亡。

3.治疗

可选用下列处方之一：

【处方1】5％氯化钙20毫升、25％硫酸镁5毫升、10％葡萄糖200毫升混合，1次静脉注射。

【处方2】25％硫酸镁20毫升，分三四个点肌内注射，同时用5％氯化钙20～30毫升，用一定量生理盐水稀释后一次静脉注射。

4.预防

对怀孕后期母牛全价饲养，注意磷、钙平衡；多晒太阳，并保证充足的运动。

第二章
幼畜疾病

第一节 犊牛腹泻

犊牛腹泻是指肠蠕动亢进（增强），肠内容物吸收不全或吸收困难，致肠内容物与多量水分被排出体外的一种犊牛疾病。本病多发生于15日龄以内的犊牛，其临床特征是粪便呈稀汤或水样，脱水，酸中毒，死亡较快。犊牛腹泻是一种常见的临床症状，其病因复杂，需采取综合防治措施。

1. 病因

（1）细菌、病毒和寄生虫感染　引起腹泻的细菌，特别是大肠杆菌、沙门氏杆菌危害最大。也有轮状病毒、冠状病毒感染犊牛，导致群发腹泻的报道。还有病毒性腹泻-黏膜病病毒、球虫、隐孢子虫感染等。

（2）犊牛饲养管理不当　大部分是由母牛营养不良，犊牛饲养管理不当，犊牛组织器官发育不全引起。

① 牛营养不良。母牛营养不良会引起胎儿生长发育不良，而且影响初乳的品质，犊牛体弱，抵抗力下降。母体的代谢紊乱不仅影响血液，还影响初乳。据报道，犊牛消化不良与母牛酮病有关。由于酮体在母体内蓄积，乳中酮体含量增多，致使犊牛的腹泻发病率升高。

② 犊牛免疫力极低。犊牛生后的最初几天，其抵抗力极低。由于初乳富含抗体、蛋白质、维生素和矿物质，所以依靠初乳提供基本的抗体，以防犊牛疾病的发生。但由于喂初乳过晚、喂量不足或不喂初乳，获得母源抗体量不足，犊牛抵抗力下降，容易导致腹泻。

③ 外界环境不良因素的影响。不良的环境条件（包括饲养管理不当），一方面会降低犊牛体质和抗病力，另一方面使病原微生物的生长繁殖和毒力增强。牛舍阴暗潮湿、不卫生、阳光不足、通风不良，可引起中毒性腹泻。寒流、大风雪，仔畜受冻、饥饱不均、吃凉奶等应激刺激，都可使犊牛腹泻。

2. 症状

各种原因引起的腹泻，发病犊牛的临床症状基本一致，即稀汤样或水样粪便，不同程度脱水和酸中毒。

（1）大肠杆菌引起的腹泻 1周龄内的犊牛，病初体温升高至 40℃ 以上，随后排出白色水样粪便，体温降至正常，大多经 2～3 天后死亡。10 日龄以上的犊牛症状，多呈慢性经过。病初粪便呈水样，食欲减退或废绝，病情进一步发展，出现鼻黏膜干燥、皮肤弹性下降、眼球凹陷等脱水症状。不久体温降低呈虚脱状态，并发肺炎等呼吸道疾病而死亡。一般认为犊牛的中毒性腹泻多数与大肠杆菌有关。

（2）沙门氏杆菌引起的腹泻　多见于 2～3 周龄的犊牛，其传染力极强，死亡率也高。其特征是突然发病、精神沉郁、食欲废绝（无食欲），体温升高至 40～41℃，稽留热。排带有黏液和血液的粪便，也有病例患脑炎出现神经症状，急性病例由于严重的脱水和衰弱，经过 5～6 天死亡。急性不死的病例转为慢性，腹泻逐渐减轻或停止，食欲时有时无，出现肺炎和关节炎症状（关节肿大以腕关节、跗关节最明显），跛行。

3. 诊断

首先根据犊牛腹泻病的流行情况、日龄、季节、症状可以初步诊断。如要确诊，进行细菌分离、病毒培养及寄生虫检查。值得注意的是，急性腹泻多数是混合感染，应综合分析。

4. 治疗

犊牛腹泻发病快（出生后 1～2 天），死亡快，病因多，如脱水、酸中毒、电解质平衡失调等，因此对发病的犊牛要立即隔离治疗，加强护理。

治疗原则：治胃肠疾病、抗菌消炎，解毒、止泻、防止脱水、强心、止痛等。如病因明确时，首先应去除病因。

（1）由消化不良引起的腹泻

① 用乳酶生、酵母片等内服，一天两次，用1～2天。

② 中药口服：如黄连素片（盐酸小檗碱片），规格为0.1克/片，5～10片/次，一天两次，用1～2天。也可选用杨树花口服液、白头翁汤（散）等中药。

（2）由感染引起的腹泻　抗菌消炎。抗生素类内服，磺胺脒1克，碳酸氢钠0.5克，灌服，每天2次。也可用氨苄西林、头孢噻呋钠、庆大霉素、链霉素、卡那霉素，用3～6天。

（3）腹泻脱水严重的牛犊　补液和缓解酸中毒。脱水和自体中毒，常为本病致死的主要因素，故及时合理的补液、缓解酸中毒疗法是抢救本病的重要措施之一。补液用药应根据脱水的性质选用。

① 补液：可选用5%葡萄糖、0.9%氯化钠溶液（生理盐水）或复方氯化钠注射液（内含氯化钠0.9%、氯化钾和氯化钙少量）、5%葡萄糖盐水等，用量应根据脱水程度确定，每次500～1000毫升，每天1～2次（严重时可3～4次）。适量补充维生素B_1（不宜与碱性药物如碳酸氢钠等配伍）。

② 缓解酸中毒：用5%碳酸氢钠注射液50～100

毫升，皮下或静脉注射。

③ 清理胃肠（缓泻）及止泻：清理胃肠的目的是排出胃肠内的有害、有毒物质，制止异常的发酵、腐败，减轻炎性刺激和缓解自体中毒的发展。

a.大黄苏打片，20～30 片/次，内服。

b.用胃肠黏膜保护剂，如鞣酸蛋白（由细菌引起的腹泻先用抗菌药控制感染后用本品）内服。

④ 止血：腹泻带血犊牛，用抗菌药的同时，维生素 K_3 4 毫升或止血敏 2 毫升，肌内注射，每天 2 次。

⑤ 强心：根据病例的具体情况，可适量用 10% 葡萄糖溶液补充能量和强心，也可用 10% 安钠咖强心。补充维生素 C 注射液 20 毫升（不宜与维生素 K_3、维生素 B_2 等碱性药物等配伍）。

5. 预防

（1）妊娠母牛应该供给足够的蛋白质、矿物质和维生素饲料。不能让其过度饥饿或过度采食。牛舍、产房保持清洁、干燥、温暖。要适当运动，饲料要保证干草喂量，控制精料饲喂量，防止过肥和隐性酮病发生。母牛乳房要保持清洁。有条件的养牛户，于母牛分娩前 2～6 周给其接种大肠杆菌、沙门氏杆菌、轮状病毒等细菌病毒的疫苗，使新生牛犊获得免疫力。接近分娩的母牛身体的后部每天用 1% 来苏儿消毒 1～2 次。母牛产犊时的排泄物、污物及时清理，用 5%～10% 来苏儿消毒。接产用具用 2% 来苏儿浸洗消毒。

（2）加强新生犊牛的饲养管理

① 犊牛出生后擦干全身，脐带距腹部 5 厘米处剪断，断端应在 10% 碘酊内浸泡 0.5～1 分钟。

② 及时喂初乳：犊牛出生后 0.5～1 小时内给喂初乳，每次喂 2 千克。

③ 饮水：犊牛刚出生那天开始给喂干净温水，从出生第三天开始补"口服补液盐"1～2 天。

④ 擦拭母牛的乳房，保持清洁，保证母乳的质量。

⑤ 冬天犊牛舍小心贼风，夏天保持通风，定期消毒。犊牛舍干燥温暖，犊牛躺的地方要铺垫草，其厚度要达到 5～10 厘米。

⑥ 饲喂干草。犊牛出生后第 8 天开始饲喂干草，这样有利于促进犊牛的瘤胃发育，防止舔食异物和脏物。

⑦ 补饲精料。犊牛出生后约 15 天左右开始，添加细粉状的饲料。开始的几天每天 10～20 克，然后逐渐加到 80～100 克。

⑧ 饲喂多汁饲料。犊牛出生后约 20 天开始，饲喂含水量多的饲料。混合饲料里添加切碎的萝卜、甜菜、嫩草等。

⑨ 补铁、硒。补充右旋糖酐铁，预防贫血的同时也可预防腹泻。注射亚硒酸钠维生素 E 注射液，有预防腹泻的作用。

第二节　幼畜肺炎

本病是附带有严重呼吸障碍的肺部炎症性疾患。各种动物均常发生。为羔羊和犊牛常发病之一。幼畜常见的肺炎是支气管肺炎，多见于春、秋天气多变季节或幼畜出生后不久。

1. 病因

寒冷刺激，厩舍通风不良，粪便堆积，产生大量的刺激性气体，或吸入大量尘土煤烟，维生素缺乏或断奶过早体质虚弱，抵抗力降低，可引起炎症发生；助产不当，羊水呛入肺内；继发于某些传染病，如副伤寒、流行性感冒等。

2. 症状

急性型多见于出生数周的幼畜，如犊牛，病初体温升高，精神沉郁，食欲减退或废绝。如犊牛达40～41℃，脉搏80～100次/分，呼吸浅而快，站立不动，头颈伸直，有痛苦感，咳嗽。听诊可听到肺泡音粗厉，症状加重后气管内渗出物增加则出现啰音，并排出脓样鼻汁。症状进一步加重后，患犊肺叶的一部分变硬，以致空气不能进出，肺泡音就会消失。

让病牛运动则呈腹式呼吸，眼结膜发绀，呈严重的呼吸困难状态。

犊牛异物性肺炎：因误咽而将异物吸入管和肺部后，不久就出现不安、呼吸急促和反复咳嗽。听诊肺部可听到泡沫性的啰音。当大量误咽时在很短时间内就发生呼吸困难，流出泡沫样鼻汁，患畜因窒息而死亡。

慢性见于较大的幼畜，病程缓慢，病初咳嗽，呼吸次数增多，体温略高，胸壁听诊有啰音，有时颈、背、四肢及尾部发生湿疹，往往伴有化脓性关节炎，逐渐瘦弱死亡。鼻孔内流出浆液或黏液性鼻液，呼吸加快，胸壁听诊有啰音。犊牛及羔羊患败血性肺炎往往排绿色带黏液的恶臭粪便。

3. 诊断

根据临床症状，结合病因调查，不难诊断。但应与犊牛地方性肺炎、丝虫性支气管炎、羔羊丝虫性肺炎等鉴别诊断。

4. 预防

妊娠和哺乳期母畜应合理饲养，保证乳汁质量，提高仔畜抵抗力。产房应清洁、干燥、温暖，接产时防止羊水误咽。如疑为传染病，应隔离治疗。

5. 治疗

加强护理，厩舍要保持清洁、通风良好，冬季要保暖。配合使用抗生素或磺胺类药物。如青霉素，犊牛 40 万～80 万单位，羔羊 20 万单位，每天两次肌内注射，或用 10% 磺胺嘧啶钠液，犊牛 20～40 毫

升，羔羊 5～10 毫升，每天 2～3 次静注。根据病情采取相应的对症治疗，可用氯化铵止咳祛痰，10％葡萄糖酸钙制止渗出，必要时可用强心剂等。在治疗中要用全身给药法。临床实践证明，以青霉素和链霉素联合应用效果较好。土霉素对本病亦有效，一般用盐酸土霉素注射液 2.5～5.0 毫克/千克，一日两次，肌内注射或静脉注射。还可用头孢类药。

最重要的是在没达到肺炎程度前要进行适当的治疗，但必须达到完全治愈才能终止；对因病衰弱的牛灌服药物时，不要强行灌服，最好要经鼻或口，用胃导管准确地投药。

第六篇
牛羊常见乳房疾病防治

第一章
乳房的临床检查

以乳牛为例，将乳房的临床检查概述如下。

1. 问诊

了解发病日期、发病经过、采用过的防治方法，以及病史。

了解牛场的环境及卫生情况、全牛群的发病情况，牛群有无结核、布氏杆菌病、口蹄疫，及其流行情况。

2. 临床检查

了解及观察对个体（患畜）的挤奶技术，挤出奶的难易、奶量、奶质（是否含黏液、脓液、凝块及絮片）、稀稠及颜色、气味以及乳房的卫生情况等。

视诊及触诊乳房的对称情况、大小、形状、颜色、温度、质地（软硬、弹性、波动），有无疼痛、外伤、结节、气肿等。触诊要先检查健侧，后检查病侧。然后触诊乳上淋巴结的大小、质地。

3. 全身检查

检查全身的健康情况。

第二章
乳房常见疾病

第一节　乳腺炎

　　乳腺炎是乳房受到物理、化学、微生物刺激所发生的一种炎性变化，其特点是乳中的体细胞，特别是白细胞增多以及乳腺组织发生病理变化和奶质、奶量改变。发病率最高的是奶牛。

　　乳牛乳腺炎是世界乳牛业的主要危害因素之一，它不仅影响产奶量，造成经济损失；而且影响乳的品质、危及人的健康。据国外资料，乳牛乳腺炎发病率约为 $25\%\sim60\%$。仅 1976 年美国因乳腺炎造成的经济损失就超过 12 亿美元。原联邦德国每年损失 4.5 亿马克；日本北海道 1974—1978 年因乳腺炎就淘汰了 56782 头乳牛。据我国北京、上海、天津、广州、西安、兰州等城市调查，乳腺炎是乳牛场最严重的疾病之一，发病率达 $20\%\sim70\%$，个别牛群发病率更高，造成的经济损失虽无确切数据，但肯定是惊人的。

1. 病因

主要是由多种非特定的病原微生物引起，有细菌、霉形体、真菌、病毒等，据报道多达80多种。较常见的有23种，其中细菌14种、霉形体2种、真菌及病毒7种。各种病原菌的感染率，因地区不同而异。有些病原菌虽经常存在于乳房内，但不一定引起发病。现将乳腺炎的病原菌简述如下。

（1）革兰氏阳性菌　是最常引起乳腺炎的细菌，70%～80%的病例是由其中的葡萄球菌和链球菌感染所致。有些国家以葡萄球菌为主；据我国部分城市初步调查，隐性乳腺炎以无乳链球菌感染为主。

① 链球菌属：本属中引起乳腺炎的主要是无乳链球菌，此外还有停乳链球菌、乳房链球菌、化脓链球菌、兽疫链球菌。

被本菌属前三种感染的，多无临床症状或症状不明显，大多取慢性经过，有时取急-亚急性经过。也有出现严重症状的，但病程短。后遗症为乳腺萎缩和间质增生。无乳链球菌有高度传染性，它几乎只见于乳腺中，附着在乳腺管壁并将其破坏，引起慢性乳腺炎；潜伏期可达数周或数月，不易发现。对病牛应隔离治疗，奶亦不宜喂犊牛，因为它可使未成熟的乳房受到感染。本菌很少感染其他组织，被毛和粪便中也不存在，传播是通过挤奶员的手和消毒不好的挤奶杯。

乳房链球菌引起的乳腺炎，较常见于第一胎产前和干奶期中。它与停乳链球菌都是通过乳房或乳头的损伤引起感染，传染性小，常可自愈。

化脓链球菌主要是人的化脓菌，通过挤奶员的手传播给牛，常发生在分娩后，表现为急性-最急性乳腺炎。

兽疫链球菌可见于奶牛与猪共养的牧场，呈散发性。牛感染后毒性很大，可引发败血症而死。

② 葡萄球菌属：本属中引起乳腺炎的主要是金黄色葡萄球菌，其所致乳腺炎多见于泌乳高产期；常为慢性，也可呈最急性。本菌经常存在于外界环境中，挤奶员的手、擦洗乳房用的布和消毒不严的挤奶杯，是传播本菌的主要媒介。细菌常寄生于乳头皮肤表面，由乳头管口侵入，定居于乳头管中，再向乳房内蔓延，故乳汁中检出本菌者，不一定出现临床症状。有的病例可能自愈。长期使用抗生素，本菌多出现耐药菌株。

③ 棒杆菌属：本属中的化脓棒杆菌是急性-亚急性炎症的病原菌之一，多见于干奶牛和青年牛，发生较少，但很难治疗。此菌常通过乳房外伤感染。

此外，细球菌属、双球菌属、分枝杆菌属等也可引起乳腺炎，但为数很少。

（2）革兰氏阴性菌　其中引起乳腺炎的主要是大肠杆菌属、克雷伯氏杆菌属和产气杆菌属，尤以大肠杆菌最为重要。这些细菌到处存在，侵入乳房的机会极多，呈散发性。细菌很可能是从损伤的生殖道、消化道进入血液或淋巴而引起感染，也可乳头管感染。炎症大多呈急性-最急性表现，甚至引起乳房坏疽。

大肠杆菌性乳腺炎多见于高产牛及产后泌乳高峰时期。常呈最急性，病情急，病程短，可于数日内死亡。主要症状是乳房肿胀，并有毒血症症状，高热、精神委顿、食欲废绝、腹泻，乳汁水样黄色，迅速停止泌乳。溶血性大肠杆菌性乳腺炎预后不良，甚至死亡。

绿脓杆菌性乳腺炎呈散发性，发病率1％以下。病菌存在于水和土壤中，饮水也可感染，多为急性局限性过程。患病乳区肿胀，脓液呈蓝绿色，乳汁水样有凝块，患牛高热，可因败血症而死。也有呈慢性、亚急性的，治疗困难。诊断时要先将乳样置温箱内使细菌繁殖，再接种培养，否则不易生长。

此外，牛布氏杆菌、变形杆菌、巴氏杆菌等也能引起乳腺炎。

（3）霉形体（支原体）　已确定能导致牛乳腺炎的至少有12种，经常分离到的有牛霉形体等6种。牛霉形体性乳腺炎是传染性的。临床特征是乳区肿胀，但无热痛反应；泌乳异常，且常伴有关节炎性跛行和呼吸道症状。病原体能通过挤奶、呼吸及配种过程等传播。多数霉形体不仅能引起乳腺炎，还能引起其他器官组织疾病。病原体存在于牛的乳腺、呼吸道、生殖道及关节滑液等处，可随挤奶、咳嗽或阴道分泌物排出体外。在冰箱中可存活数天，在粪便中可存活数周。自然感染时，通常由一种霉形体为主，另外几种霉形体为辅，共同引起牛的乳腺炎。有的病例还伴有金黄色葡萄球菌、无乳链球菌等其他细菌。感染后常呈地方性流行，干奶期敏感性较高。乳汁呈黄褐色、水样、有颗粒状或絮状凝乳块；轻症乳汁似正常，但静置后底层出现粉状或条状沉淀，上层变清亮。产奶量明显下降。通常不表现明显的全身症状，有时乳汁细胞数也不增加；但常伴有关节炎性跛行，有时跛行比乳腺炎更为严重，呼吸道症状多见于青年病牛。

（4）真菌 真菌性乳腺炎主要由念珠菌属、隐球菌属、毛孢子菌属和曲霉菌属等引起，但不多，呈散发性，多发生于用抗生素治疗后，或药品和器械被真菌污染。很难治疗。

（5）病毒 也能引起乳腺炎，但大多为继发感染；病原主要有牛乳头炎疱疹病毒、牛乳头瘤病毒、牛痘病毒、口蹄疫病毒等。一般为乳头皮肤感染，产生丘疹、疱疹、水疱、赘生瘤，继发其他细菌感染而导致乳腺炎。

除了上述微生物外，物理化学的原因也可引起乳腺炎，例如外伤、冻伤、化学刺激等。

2. 感染途径及发病率

附着在乳头管口的病原体经乳头管口和乳头管进

入乳房，是感染乳房的主要途径。病原体在挤奶后立即侵入乳房的可能性不大，主要是在两次挤奶间隔的较长时间内侵入。病原体也可通过消化道、生殖道及损伤的皮肤进入体内，经体液转至乳房，引起感染。例如，胎衣不下、子宫炎、创伤性网胃炎、胃肠炎等均易继发乳腺炎。

乳牛发病率高于其他家畜。乳牛乳腺炎发病率受气温、环境、管理、饲料、挤奶方式、泌乳量、泌乳阶段、胎次，以及乳头形态、不同乳区、遗传等多种因素影响。气温高，病原菌大量繁殖；雨季，运动场积水泥泞，牛体尤其是乳房脏污，发病率高。有时气温突然升降，发病率也呈低幅波动。运动场坑洼不平、有灌木丛或障碍物，乳房容易受到外伤而发生乳腺炎。牛舍的结构和乳腺炎的发病率也有关系，黑白花牛牛床长度小于185厘米，比大于185厘米时乳房外伤发生率高，为15.9%∶5.9%。但牛床过长，粪便及尿渍严重，又容易感染乳腺炎，它们是相互制约的。另外，牛在牛床内是否拴住和是否垫草，与乳房损伤也有关系；散放、垫草者发生损伤最少，拴住、不垫草者发生损伤最多。饲料中蛋白质含量过高，青苜蓿等豆科植物过多，也会提高发病率。

挤奶方式的影响：有的机挤奶牛群比手挤奶牛群发病率高4～5倍或更高。机挤奶引起乳腺炎发病率高的原因有以下几方面：负压（真空度）过大，引起乳头黏膜外翻、皮肤皲裂、出血、糜烂，造成感染条件；负压不稳定更易引起乳腺炎，在挤奶量相同的条件下，发病率比负压稳定的高 1 倍；4 个乳区贮乳量不同，贮乳量少的常常发生空挤，空挤可损伤乳头而引起感染。手挤奶时，挤奶技术不熟练、乳汁不能挤尽，或挤奶方式不合理，都可使乳腺炎发病率提高。

高产牛乳腺炎发病率有高于低产牛的倾向。经产牛较第一胎牛的发病率高，并随胎次增加而提高，但有的牛群相反。干奶期和产后期发病率常高于泌乳期数倍。有的调查显示隐性乳腺炎检出率，随泌乳月份增加逐渐提高，这与乳中白细胞数在产后几天内最高、25～45 天最低，以后整个泌乳期缓慢上升的结果相符。乳头末端的形状与感染的形状也有关系，皿形、口袋形和漏斗形的末端因乳头管口容易残留乳汁，有利于细菌滋生，发病率高于半圆形和柱形的末端。

各乳区间发病率也有差异，据报道前后乳区发病率大体为 4∶(5～6)，左右乳区发病率为 2.2∶19。

据报道中毒与乳腺炎的发病率也有关系，如体内其他脏器（胃肠、子宫等）患病产生的毒素、病原微生物产生的毒素，以及饲料、饮水或药物中的毒素也可影响到乳房而引起炎症。

乳腺炎与遗传有关，现已有不少证据。不少患乳腺炎的奶牛都来自同一个公牛的后代，并测得乳腺炎抵抗力的可遗传性大约为 27%；此外，副乳头、乳头管狭窄、乳头管形状异常、乳头形状等均有一定遗传性。

有些研究者证明血型因子和乳腺炎抵抗力之间有相关性。还有人提出乳区均匀相称的母牛对乳腺炎有较大的抵抗力。因此，有些国家已开始试图通过遗传选择来建立清洁牛群或无乳房病牛群。

病原体侵入乳房后，不一定都引起发病，有的发病后能不治自愈。这不仅取决于病原体，而且主要取决于机体的防卫能力，即乳牛乳房的天然抵抗因子。这些因子有以下几个方面。

① 乳头管黏膜的角化上皮细胞和乳头管黏膜产生的溶菌霉素，都有杀菌和抑菌能力。

② 乳中白细胞，其中的多形核白细胞是主要的乳吞噬细胞。它在乳中的活性虽比在血中低得多，但发生乳腺炎时血中大量嗜中性白细胞进入乳汁，增加乳汁的抗菌能力。

③ 溶菌酶是一种调理素，乳中溶菌酶浓度与乳中体细胞数量呈正相关。乳腺炎时，溶菌酶浓度增加 $2\sim6$ 倍。人工感染试验证明，高浓度的溶菌酶能使乳中形成菌落的菌体数较快地降低，有明显的抑菌作用。

④ 乳素，由乳腺产生，对多种细菌有抑制及杀灭作用；其杀菌力的强弱，因个体、乳区、泌乳期的不同而异。干奶期乳腺停止泌乳，乳房内缺乏乳素，容易引起感染。

⑤ 调理素是来自血清的类似补体的杀菌物质，

可促进分叶核白细胞的吞噬作用，其作用强弱因个体而异。

⑥乳铁蛋白是一种乳制菌蛋白，也有调理素性质，在它的影响下，嗜中性白细胞的吞噬活性加强。乳腺发炎时，乳铁蛋白可增加 20～30 倍。在大肠杆菌型乳腺炎，增加的趋向较葡萄球菌型和链球菌型乳腺炎显著。干奶期乳铁蛋白含量较泌乳期高得多，甚至较乳腺发炎时还高。初乳中乳铁蛋白浓度也较常乳高。

⑦乳过氧化物酶系统是一种能抑制无乳链球菌和乳房链球菌等病原体生长的杀菌物质。它主要由乳腺上皮细胞产生。乳中乳过氧化物酶浓度与体细胞数之间呈正相关。泌乳期中该系统各成分的活性比干奶期高，故其抑菌作用主要在泌乳期。

病原体侵入乳房后，不仅会激活机体上述非特异性抵抗因子，而且也会激活机体的免疫系统，T淋巴细胞和B淋巴细胞、免疫球蛋白等特异性抵抗因子在血液和乳中的浓度增加。

3. 分类和症状

乳腺炎有好几种分类方法，随着对乳腺炎研究的深入，分类方法还在不断发展。有以病原、病理、病程、发病部位以及临床症状分的，有以乳汁细胞数及乳房和乳汁有无肉眼可见的变化分的等。最近和在临床上较为适用的方法如下。

（1）以乳汁可否检出病原菌和乳房、乳汁有无肉眼可见变化划分

① 感染性临床型乳腺炎：乳汁可检出病原菌，乳房和乳汁有肉眼可见变化。

② 感染性亚临床型乳腺炎：乳汁可检出病原菌，但乳房或乳汁无肉眼可见变化。

③ 非特异性临床型乳腺炎：乳房或乳汁有肉眼可见的变化，但乳汁检不出病原菌。

④ 非特异性亚临床型乳腺炎：乳房和乳汁无肉眼可见变化，乳汁无病原菌检出，仅乳汁化验阳性。

（2）以乳房和乳汁有无肉眼可见变化划分

① 非临床型或亚临床型乳腺炎：乳房和乳汁都无肉眼可见变化，要用特殊的试验才能检出乳汁的变化，通常称为隐性乳腺炎。

② 临床型乳腺炎：乳房和乳汁均有肉眼可见的异常。轻度临床型乳腺炎乳汁中有絮片、凝块，有时呈水样。乳房轻度发热和疼痛或不热不痛，可能肿胀。重度临床型乳腺炎患乳区急性肿胀，热、硬、疼痛。乳汁异常，分泌减少。如出现体温升高、脉搏增数，患畜抑郁、衰弱、食欲丧失等全身症状，称为急性全身性乳腺炎。

③ 慢性乳腺炎：由乳房持续感染所致，通常没有临床症状，偶尔可发展成临床型。突然发作后通常转成非临床型。

（3）临床型乳腺炎 根据炎症性质还可进行

分类。

① 浆液性炎：浆液及大量白细胞渗到间质组织中，乳房红、肿、热、痛，往往乳房淋巴结肿胀。乳稀薄，含絮片。

② 卡他性炎：脱落的腺上皮细胞及白细胞沉积于上皮表面。

a.乳管及乳池卡他：先挤出的奶含絮片，后挤出的奶不见异常。

b.腺胞卡他：如果全乳区腺胞发炎，则患区红、肿、热、痛，乳量减产，乳汁水样，含絮片，可能出现全身症状。

c.纤维蛋白性炎：纤维蛋白沉积于上皮表面或（及）组织内，为重剧急性炎症。乳腺淋巴结肿胀。挤不出奶或只挤出几滴清水。本型多由卡他性炎发展而来，往往与脓性子宫炎并发。

③ 化脓性炎

a.急性脓性卡他性炎：由卡他性炎转来。除患区炎性反应外，乳量剧减或完全无乳，乳汁水样含絮片。有较重的全身症状。数日后转为慢性，最后乳区萎缩硬化，乳汁稀薄或黏液样，乳量渐减直至无乳。

b.乳房脓肿：乳房中有多个大小不等的脓肿。个别的大脓肿充满乳区，有时向皮肤外破溃。乳上淋巴结肿胀。乳汁呈黏性脓样，含絮片。

c.蜂窝组织炎：为皮下或（及）腺间结缔组织化脓，一般是与乳房外伤、浆液性炎、乳房脓肿并发。

产后生殖器官炎症易继发本症。乳上淋巴结肿胀。乳量剧减，以后乳汁含絮片。

d. 出血性炎：深部组织及腺管出血。皮肤有红色斑点。乳上淋巴结肿胀。乳量剧减，乳汁水样含絮片及血液。可能是溶血性大肠杆菌等所引起。

根据上述分类，对非临床型乳腺炎以预防为主，对临床型乳腺炎则以治疗为主。

此外，还有乳房结核、口蹄疫乳腺炎、乳房放线菌病等特殊乳腺炎。

4. 诊断

临床型乳腺炎症状明显，根据乳汁和乳房的变化，就可作出诊断。隐性乳腺炎乳房无临床症状，乳汁也无肉跟可见的变化，但乳汁的 pH、导电率和乳汁中的体细胞（主要是白细胞）数、氧化物的含量等，都较正常高，需要通过乳汁化验才能作出诊断，必要时可进行乳汁细菌检查，为药物治疗提供依据。

（1）体细胞计数法 即计算每毫升乳汁中的体细胞数，这是诊断隐性乳腺炎的基准，也是与其他诊断方法作对照的基准。乳房受感染后，会引起白细胞不同程度的渗出和上皮的脱落，使乳中细胞数增加。另外，乳中的细胞数还与挤奶方法、泌乳牛胎次、泌乳月数和不同的泌乳期等有关。初乳和干乳期的乳汁中，体细胞数也增加。

Little 和 Plastrlge 法，即直接显微镜细胞计数法，将乳样充分振荡，吸取中部乳汁 0.01 毫升，在载玻片上涂布成约 1 平方厘米范围，经脱脂、固定、干燥后，用美蓝液染色、酒精脱色后，镜检。目镜为 10×，油镜下观察，视野直径要求为 0.16 毫米，计数 100 个视野内的细胞数，然后平均每个视野中的细胞数。视野面积 $= 3.1416 \times (0.016/2)^2 = 3.1416 \times (0.008)^2 = 0.0002$ 平方厘米，显微镜系数 $= 1/0.0002 \times 100 = 500000$。显微镜系数×平均一个视野的细胞数＝细胞数/毫升乳。

如果每毫升乳中细胞数超过 50 万，定为乳腺炎乳。有人则认为超过 25 万，即可定为乳腺炎乳。

（2）化学检验法　间接测定乳汁细胞数和乳汁 pH 的方法，种类较多，常用的如下：

① CMT 法。即美国加州乳腺炎试验，对隐性乳腺炎检出率很高，可迅速作出诊断，是一种常规诊断方法，世界各国已广泛采用。其判定标准见表 6-2-1。

a. 机理：是用一种阴离子表面活性物质——烷基或烃基硫酸盐，破坏乳中的体细胞，释放其中的蛋白质，蛋白质与试剂结合产生沉淀或凝胶。细胞中聚合的 DNA 是 CMT 产生阳性反应的主要成分。乳中体细胞数越多，释放的 DNA 越多，产生的沉淀或凝胶也越多。根据沉淀或凝胶的多少，间接判定乳中细胞数的范围而达到诊断目的。本法适用于泌乳牛、临近干乳期牛，不适用于初乳期牛。

b.试剂：烃基（烷基）硫酸盐 30～50 克、苛性钠 15 克、溴甲酚紫 0.1 克、蒸馏水 1000 毫升。溴甲酚紫是乳汁 pH 的指示剂，以颜色变化指示不同的 pH 值，便于临床判定。

c.方法：乳汁检验盘上有四个直径 7 厘米、高 1.7 厘米的检验皿，四个乳区的乳汁分别挤入四个检验皿中。倾斜检验盘 60°，流出多余乳汁，加等量（2 毫升）试液，随即平持检验盘旋转摇动，使试药与乳汁充分混合，10 秒后观察。

表 6-2-1　CMT 法判定标准

被检乳	乳汁反应	判定符号	细胞总数
阴　性	无变化，不出现凝块	－	0～2 万/毫升
可　疑	有微量沉淀，但不久即消失	±	15 万～50 万/毫升
弱阳性	部分形成凝胶状	＋	40 万～150 万/毫升
阳　性	全部形成凝胶状，回转搅动时凝块向中央集中，停止搅动则凝块呈凸凹状附着于皿底	＋＋	80 万～500 万/毫升
强阳性	全部呈凝胶状，回转搅动时向中央集中，停止搅动则回复形状，并附着于皿底	＋＋＋	500 万/毫升以上
酸　性	由于乳糖分解，乳汁变黄色		
碱　性	乳汁呈深黄紫色，接近干奶期		

② H_2O_2 玻片法。即过氧化氢酶法，以测试乳中白细胞的过氧化氢酶，间接测定乳中白细胞的含量，作出诊断。

③ whitside 法。又称苛性钠凝乳试验，方法简

易，检出率高，但不适于初乳期和泌乳末期检查。

④ B、T、B法。即溴麝香草酚蓝试验，此法使用已久，用于测定乳汁 pH 值，方法简便。

⑤ 氯化物硝酸银试验。用于测定乳中氯化物含量，氯化物含量在 0.09％～0.14％为正常乳，含量在 0.14％以上，超过 0.25％为乳腺炎乳。

a.试剂：硝酸银 1.3415 克，溶解于蒸馏水 1000毫升中。

b.方法：试剂 5 毫升、10％铬酸钾溶液 2 滴、被检乳 1 毫升，充分混匀，1 秒内变黄色为阳性。

（3）物理检验法　乳腺发炎时，乳中氯化物含量增加，电导率值上升，因此用物理学方法检验乳汁电导率值的变化，可以诊断隐性乳腺炎。此法迅速、准确。

① AHI乳腺炎检测仪：手握式，圆筒形，一端的盛乳皿中有两个电极，检验结果由指示灯光显示（分红绿两色），内装 9 伏电池。挤新鲜被检乳于乳皿内，接通电源，指示灯立即显示出结果，绿灯亮为阴性，红灯亮为阳性，红绿灯同时亮为可疑。此法简便、快速，只需几秒钟即完成。

② XND-A 型奶检仪：由西北农林科技大学根据正常奶和异常奶（包括乳腺炎奶）的主要理化性状和生物液体的特性研制而成。为以电导电极为传感器的便携式奶检仪，体积小，能快速、准确、综合地检出掺假加水奶、酸败奶和乳腺炎奶。检出率可达

92%～100%。

牛乳汁的电导率值有个体差异，约14%的牛平时乳汁的电导率值就高于一般正常值，约26%的牛低于一般正常值，故有时用相对值来判定较为合适。

5. 治疗和预防

奶牛的泌乳是周期性的，乳腺炎又分为各种类型，因此对乳腺炎的防治要根据泌乳周期的不同阶段和乳腺炎的类型，选用以治为主还是以防为主的措施。总的原则是杀灭已侵入乳腺的病原菌，防止病原菌侵入，减轻或消除乳腺的炎性症状。

（1）临床型乳腺炎 以治为主，杀灭侵入的病原菌和消除炎性症状。

对乳腺炎的治疗，历来采用抗生素，也有用磺胺类和呋喃类药的。病情严重者还配合进行全身治疗。为避免病原菌对抗生素产生耐药性和抗生素在乳中的残留，近年来研究用复方中草药进行治疗，效果也较满意。

常用的抗菌药物有青霉素类、链霉素、四环素、氯霉素、庆大霉素、卡那霉素、磺胺类药和沙星类药等。也可用市售成药，常规的方法是将药液稀释成一定的容量，通过乳头管直接注入乳池，可以在局部保持较高浓度，达到治疗目的。但要注意消毒。注入后，按乳头池向乳腺池再到腺泡腺管系顺序轻度向上按摩挤压，迫使药液渐次上升并扩散到腺管腺泡。每日注入 1～2 次。

乳牛乳腺炎的主要病原菌是金黄色葡萄球菌、无乳链球菌和其他链球菌及大肠杆菌。我国一些地区无乳链球菌检出率高于金黄色葡萄球菌，成为乳腺炎最主要的病原菌。临床上长期使用青霉素、链霉素合并治疗乳腺炎，曾经有相当效果，但也产生了不少耐药菌株。现场不可能在查明病原菌后再进行治疗，故发现乳腺炎后，宜先采用广谱抗生素，或选择两种抗生素合并使用，经 2～3 天，如无明显好转，再改用其他抗菌药物。有条件的在查明病原菌后，可有针对性地应用相应药物进行治疗。抗菌药物一般连用 3～4 天，临床症状消退后，仍需再用 1～2 天，然后停药。停药至第 10 天左右，作一次乳汁化验，如仍为阳性，则需更换药物继续治疗。据报道，新生霉素和青霉素对无乳链球菌的效力为 98%，对停乳链球菌为 100%，对乳房链球菌为 82%。红霉素、新生霉素对抗青霉素的金黄色葡萄球菌有效，卡那霉素对大肠杆菌性乳腺炎、庆大霉素对绿脓杆菌性乳腺炎有效。但红霉素对局部有强烈刺激。

为了使注入的抗菌药物充分到达感染部位，而不被乳汁或炎性分泌物所干扰，注药前要尽量使乳房内残留的乳汁和分泌物排出。为此可肌内注射 10～20 单位的催产素，然后挤奶。

乳房基底封闭，即将 0.25% 或 0.5% 盐酸普鲁卡因溶液注入乳房基底结缔组织中和用2%普鲁卡因进行生殖股神经注射，对浆液性乳腺炎有一定疗效，溶液中加入适量抗生素更可提高疗效。

我国传统兽医学称临床型乳腺炎为"乳痈"，认为是由于饲养管理失宜、邪毒（指病原体）侵入乳房、与积乳互结、乳络受阻而成病。由于邪毒蕴结化热、乳络不畅、乳汁凝滞，使乳房出现红肿热痛、乳汁败坏，分泌减少，以及出现精神不振、体温升高等全身症状。因此，应以清热解毒、活血化瘀为治疗原则。有些地区以蒲公英为主药，配合其他药味对临床型乳腺炎进行试治，均有一定疗效。辅助疗法有缓解局部症状、改善食欲、精神等作用，对因理化原因造成的乳腺炎有一定疗效。有的细菌性乳腺炎单用辅助疗法也可治愈，这可能与机体防卫能力有关。

按摩乳房及增加挤奶次数，可促使乳腺中病原体及其毒素、变质乳排出，减少炎性物对乳腺的刺激。按摩乳房一般自上而下轻缓进行。强力粗暴地揉、捏、压、搓会增加组织的损伤、出血及病原体的扩散。出血性乳腺炎严禁按摩。

乳房高度肿胀、热痛时，可冷敷、冰敷、冷淋浴以缓解局部症状。外敷药物也可缓解肿胀和疼痛，如鱼石脂软膏、樟脑油膏等。

（2）亚临床型乳腺炎或隐型乳腺炎　以防为主、防治结合，预防病原菌侵入乳房，即使侵入也能很快被杀灭。隐性乳腺炎虽乳房和乳汁无肉眼可见的异常，但发病率高、影响产奶量和乳的品质、危及人体健康，而且容易转为临床型，应十分重视。

① 乳头药浴是防治隐性乳腺炎行之有效的方法，在奶牛业发达的国家已成为常规。挤奶结束后，乳头管括约肌尚未收缩，病原体极易从此侵入乳房。乳头药浴是在挤奶前后，立即用药液浸泡乳头，杀灭附着在乳头末端及其周围和乳头管内的病原体。据报道，仅此一项就可使乳房新感染减少 50% 左右。据试验，挤奶前后都药浴，比仅在挤奶后药浴效果更好。

浸泡乳头的药液，要求杀菌力强、刺激性小、性能稳定、价廉易得。常用的有碘甘油、洗必泰、次氯酸钠、新洁尔灭等。0.3%～0.5% 碘甘油效果最好，且冬季用可滋润乳头，故国外广泛采用。0.3%～0.5% 的洗必泰效果也很好，抑菌作用强，药性稳定，对乳头皮肤和乳头管黏膜无刺激作用。次氯酸钠次之，但药性不稳定，作用持续时间较短。

乳头药浴需每次挤完奶后进行，长期使用才能见效。但我国北方冬季寒冷干燥，药浴后常引起乳头皮肤皲裂，故冬季用 0.3%～0.5% 碘甘油效果最好。

② 乳头保护膜：乳腺炎的主要感染途径是乳头管，挤奶后将乳头管口封闭，防止病原菌侵入，也是预防乳腺炎的一个方法。乳头保护膜是一种丙烯溶液，浸润乳头后，溶液干燥，在乳头皮肤上形成一层薄膜，徒手不易撕掉，用温水洗擦才能除去。保护膜通气性好，对皮肤没有刺激性；不仅能保护乳头管不

被病原体侵入，对乳头表皮附着的病原菌还有固定和杀灭作用。经试验，使用保护膜后，大肠杆菌性乳腺炎可下降76%，金黄色葡萄球菌的感染可下降28%。我国目前已有厂家生产。

③ 盐酸左旋咪唑：简称左咪唑，是一种免疫机能调节剂，它能恢复细胞的免疫功能，增强抗病能力。近年来，用于防治隐性乳腺炎效果较好。据黑龙江兽医研究所试验，1078头隐性乳腺炎阳性牛，以每千克体重7.5毫克拌于精料中任牛自行采食，一天一次，连用2日，效果较好。投药后60天检查，乳区阳性率下降，产奶量上升，乳中脂肪、蛋白质及干物质含量均有所增加。左咪唑也可配成溶液注射。但孕牛慎用。

④ 芸苔子（即油菜籽）：有破坏细菌细胞壁某些酶的活性和促进白细胞吞噬作用的能力，对隐性乳腺炎有一定疗效。按牛体重大小，生芸苔子250～300克为1剂，拌精料内自食，隔日1剂，3剂为1疗程，效果优于青、链霉素乳头注入。

⑤ 中药：可用清热解毒等中药定期加入饲料。

（3）干奶期预防　乳房在干奶期要经过三个不同阶段，即自动退化期、退化稳定期和生乳期。自动退化期是乳房自动停乳的过程，通常要30天左右，这一阶段是重新感染的最危险期，尤其是停奶后的头3周。原因是在此期间乳头部附着的菌群、乳头管内细菌的生存能力、乳头管对细菌的渗透性以及乳房内防御机能都发生了变化，有利于细菌的侵入和感染。退化稳定期完全干奶，约为2周。这时乳头管收缩，乳房抗菌物质增加，细菌的渗透和生存能力降低，整个阶段临床型乳腺炎极少发生。这一阶段的长短，与整个干奶期的长短呈正相关。生乳期为产犊前的大约2周，乳房发生类似第一阶段的变化，乳房内白细胞吞噬能力降低，乳房开始充乳，乳头管扩张，甚至漏奶，有利于病原体的侵入，增加了感染的危险。

据报道，我国广州和徐州干奶期临床型乳腺炎分别占总发病率的6.9%和20%。所以，干奶期是预防产后发生临床型乳腺炎的重要时期，也是控制乳腺炎发生的一个重要环节，尤其是干奶的第1、3两个阶段。有些国家已把干奶期的预防列入常规措施。

干奶期预防主要是向乳房内注入长效抗菌药物，杀灭已侵入和以后侵入的病原体，有的有效期可达4～8周。用青霉素、新霉素、链霉素、环丙沙星、氯霉素、四环素，或多种抗菌药物配合，可制成长效抗生素油剂。现市售有多种干奶药。

干奶后10天内和预产期前10天，每天1～2次乳头药浴。干奶后使用乳头保护膜，都有预防效果。

（4）防制乳腺炎的综合措施　乳牛乳腺炎的发生原因众多，必须采取下列综合措施，并且形成常规，长期坚持，才能取得明显效果。

①环境和牛体卫生引起乳腺炎的病原菌可分为两大类，一类平时就存在于牛体上，一类存在于环境

中，搞好环境和牛体卫生，就能减少病菌的存在和感染可能，如运动场平整、排水畅通、干燥，经常刷拭牛体，保持乳房清洁等。

② 搞好挤奶卫生，提倡正确的挤奶方法（拳握式），擦洗乳房用的毛巾和水桶要保持干净，定期消毒，用水要勤换。乳腺炎牛的挤奶次序要排在最后，并将奶进行妥善处理。

机器挤奶时，要保持负压正常和防止空吸，保护乳头管黏膜。挤奶杯要及时消毒。定期检查机器和挤奶杯，及时维修、更换。

③ 及时治疗临床型乳腺炎，必要时可隔离进行，乳消毒处理，防止传播。

④ 作好预防工作，推广乳头药浴和干奶期防治，长期坚持下去。药浴杯要保持清洁，药液要常换。定期监测隐性乳腺炎发病情况，并作细菌学检查及药敏试验，根据结果采取对应措施。

⑤ 定期注射乳腺炎疫苗也是预防方法之一。

第二节　乳房浮肿

乳房浮肿，也叫乳房浆液性水肿，各种家畜均可发生，乳牛较多发，尤其以第一胎及高产奶牛最显著。分娩前后，乳房出现轻度浮肿是生理现象，一般在产后 10 天左右可以逐渐消散，不影响泌乳量和乳质。但严重水肿是病理现象。

1. 病因

可能因乳房局部血流淤滞引起，或与全身循环扰乱有关，也可能与乳房淋巴液回流不畅有关。近几年研究发现，此病与机体内分泌紊乱有关。

2. 症状

无全身症状，一般是整个乳房的皮下及间质水肿，以乳房下半部较明显，特别是牛怀第一胎时。奶牛各胎都可发生。皮肤发红光亮、无热无痛、指按留有压痕。较重的水肿可波及乳房基底前缘、下腹部、胸下、四肢甚至乳镜。长期而严重的水肿，可影响泌乳量。

其他家畜的乳房浮肿，除怀第一胎外，其他胎次不明显，也不影响泌乳和乳质。

3. 诊断

根据病史和症状不难诊断，但并发乳腺炎时，必须加以鉴别。

4. 治疗

轻症往往可以自愈，不需治疗。对一般病例，适当加强运动，营养负平衡者增加精料和多汁饲料，适量减少饮水，增加挤奶次数即可。

长期或严重病例，对产后未孕者，中药治疗可收良效。也可温敷浮肿部，涂布弱刺激诱导药，如樟脑油膏、鱼石脂软膏等。可用强心利尿剂，或静注少量钙剂及高浓度葡萄糖，并配合抗生素，但不得"乱刺"皮肤放液。

参考文献

[1] 肖定汉. 奶牛病学. 北京：中国农业大学出版社，2002. 01.

[2] 丁佰良，李秀丽. 羊病临床诊疗实例解析. 北京：中国农业出社，2013. 01.

[3] 张仲秋，丁佰良. 默克兽医手册. 10 版. 北京：中国农业出版社，2015. 10.

[4] 乌力吉. 牛羊病防治. 北京：中国农业出版社，2016. 06.

[5] 郑继昌. 动物外产科技术. 北京. 化学工业出版社，2015. 10.

[6] 何开兵，李小强. 现代奶牛养殖管理与疾病防治研究. 沈阳：辽宁大学出版社，2020. 12.

[7] 刘根新，李海前. 中兽医学. 北京：中国农业大学出版社，2018. 06.

[8] 田克恭，李明. 动物疫病诊断技术——理论与应用. 北京：中国农业出版社，2014. 06.

[9] 马玉忠. 羊病诊治原色图谱. 北京：化学工业出版社，2015. 03.

[10] 段得贤. 家畜内科学. 北京：农业出版社，1986.

[11] 倪和民. 奶牛健康养殖与疾病防治. 北京：中国农业出版社，2013.

[12] 侯引绪. 规模化牧场奶牛保健与疾病防治. 北京：中国农业科学出版社，2017.

[13] 刘洪杰. 牛羊生产与疾病防治. 北京：中国农业大学出版社，2021.

[14] 王春墩. 奶牛疾病防治治疗学. 北京：中国农业出版社，2013.

[15] 王艳丰. 奶牛健康养殖与疾病防治宝典. 北京. 化学工业出社，2017.

[16] 陈雷发. 实用羊病诊治与防治. 北京：中国林业出版社，2015.

[17] 张惠. 常见牛羊疫病的综合防治措施. 疫病防控，2021. 06，52-53.

[18] 巴雅尔. 常见牛羊疫病综合防治. 中国畜禽种业，2020. 06，108.

[19] 王启华. 常见牛羊疫病综合防治措施. 中国畜禽种业，2020. 06，127.

[20] 王春玮. 常见牛羊疫病综合防治措施分析. 中国畜禽种业，2020. 06，106.

[21] 靳雄华. 畜牧兽医工作存在的问题及解决措施. 畜牧兽医科技，2021. 01.

[22] 史艳艳，王俊菊. 畜禽养殖业兽药使用现状及建议. 畜牧兽医科学，2021，
05，185-156.

[23] 李俊. 动物疫病预防与控制中存在的问题及对策探讨. 湖北畜牧兽医，
2021，04，34-35.

[24] 刘昀. 论牛羊布鲁氏菌病的发生和综合防治. 中国畜禽种业，2019. 05，
179-180.

[25] 张树坤. 奶牛场卫生防疫工作要点. 现代畜牧科技，2021，04，65-66.

[26] 汪治良. 农村散养动物疫病防控现状. 动物防疫，2021，02，50-51.

[27] 泽旺仁真. 散养牦牛疫病防治技术. 动物防疫，2021，04，66.

[28] 姜伟，金彩虹. 散养羊的科学管理. 中国畜牧业，2021. 10，65-66.

[29] 徐晓军，郭年成. 泰兴市大力推进畜禽粪污资源化利用全面提升畜牧业绿
色发展水平. 养殖与饲料，2021. 01，131-134.